电磁频谱战科普系列丛书

电子战无人机
翱翔蓝天的孤勇者

罗广成 丁 凡 黄金美 著

国防工业出版社

·北京·

内 容 简 介

　　本书是专门针对电子战无人机进行系统综合介绍的一本科普读物,围绕电子战无人机的主要知识,将相关内容分为四个部分。成长篇主要介绍电子战无人机的起源、种类和发展趋势。机理篇概述了电子战无人机平台及动力系统、数据链和电子战任务载荷的作用机理,并简要介绍了反无人机相关手段和机理。运用篇主要介绍电子战无人机典型使用方式。战例篇讲述了无人机相关经典战例,并结合电子战运用进行评述。

　　本书语言通俗易懂,图文并茂,适合无人机使用和管理人员、普通高校学生和对无人机感兴趣的军事爱好者阅读参考。

图书在版编目(CIP)数据

电子战无人机:翱翔蓝天的孤勇者/罗广成,丁凡,黄金美著. —北京:国防工业出版社,2023.7
（电磁频谱战科普系列丛书）
ISBN 978-7-118-13031-7

Ⅰ.①电… Ⅱ.①罗… ②丁… ③黄… Ⅲ.①电子对抗—无人驾驶飞机 Ⅳ.① V279

中国国家版本馆 CIP 数据核字(2023)第 112322 号

※

国防工业出版社 出版发行
（北京市海淀区紫竹院南路 23 号　邮政编码 100048）
雅迪云印（天津）科技有限公司印刷
新华书店经售
*
开本 710×1000　1/16　印张 14½　字数 180 千字
2023 年 7 月第 1 版第 1 次印刷　印数 1—5000 册　定价 80.00 元

（本书如有印装错误,我社负责调换）

国防书店:(010)88540777　　书店传真:(010)88540776
发行业务:(010)88540717　　发行传真:(010)88540762

编审委员会

主　　　任　王沙飞
常务副主任　杨　健　欧阳黎明
顾　　　问　包为民　吕跃广　杨小牛　樊邦奎　孙　聪
　　　　　　刘永坚　范国滨　苏东林　罗先刚
委　　　员　（以姓氏笔画排序）
　　　　　　王大鹏　朱　松　刘玉超　吴卓昆　张春磊
　　　　　　罗广成　徐　辉　郭兰图　蔡亚梅
总　策　划　王京涛　张冬晔

编辑委员会

主　　编　杨　健
副　主　编　（以姓氏笔画排序）
　　　　　　朱　松　吴卓昆　张春磊　罗广成　郭兰图
　　　　　　蔡亚梅
委　　员　（以姓氏笔画排序）
　　　　　　丁　凡　丁　宁　王　凡　王　瑞　王一星
　　　　　　王天义　方　旖　邢伟宁　全寿文　许鲁彦
　　　　　　牟伟清　李雨倩　严　牧　肖德政　张　琳
　　　　　　张江明　张树森　陈柱文　单中尧　秦　臻
　　　　　　黄金美　葛云露

丛书序

在现代军事科技的不断推动下,各类电子信息装备数量呈指数级攀升,分布在陆海空天网等不同域中。如何有效削弱军用电子信息装备的作战效能,已成为决定战争胜负的关键,一方面我们需要让敌方武器装备"通不了、看不见、打不准",另一方面还要让己方武器装备"用频规范有序、行动高效顺畅、效能有效发挥",这些行动贯穿于战争始终、决定战争胜负。在这一点上,西方军事强国与学术界都有清晰的认识。

电磁频谱是无界的,一台电子干扰机发射干扰敌人的电磁波,影响敌人的同时也会影响我们自己,在有限的战场空间中如果出现众多的电子干扰机、雷达、电台、导航等设备,不进行有效管理肯定会出乱子。因此,未来战争中,需要具备有效管理电磁域的能力,才能更加有效的发挥电磁攻击的效能,更好地满足跨域联合的体系作战要求。

在我们策划这套丛书的过程中,为丛书命名是一大难题,美军近几十年来曾使用或建议过以"电子战""电磁战""电磁频谱战""电磁频谱作战"等名称命名过这个"看不见、摸不着"的作战域。虽然在美国国防部在2020年发布的《JP 3-85:联合电磁频谱作战》明确提出用"电磁战"代替原"电子战"的定义,而我们考虑在本套丛书中只介绍"利用电磁能和定向能来控制电磁频谱或攻击敌人的军事行动。"是不全面的,也限制了本套丛书的外延。

因此，我们以美国战略与预算评估中心发布的《电波制胜：重拾美国在电磁频谱领域的主宰地位》中提出的"电磁频谱战"的概念命名，这样一方面更能体现电子战的发展趋势，另一方面也能最大程度的拓宽本套丛书的外延，在电磁频谱领域的所有作战行动都是本套丛书讨论的范围。

本系列丛书共策划了6个分册，包括《电磁频谱管理：无形世界的守护者》《网络化协同电子战：电磁频谱战体系破击的基石》《光电对抗：矛与盾的生死较量》《电子战飞机：在天空飞翔，在电磁空间战斗》《电子战无人机：翱翔蓝天的孤勇者》《太空战：战略制高点之争》。丛书具有以下几个特点：①内容全面——对当前电磁频谱作战领域涉及的前沿技术发展、实际战例、典型装备、频谱管理、网络协同等方面进行了全面介绍，并且从作战应用的角度对这些技术方法进行了再诠释，帮助读者快速掌握电子战领域核心问题概念与最新进展，形成基本认知储备。②图文并茂——每个分册以图文形式描述了现代及未来战争中已经及可能出现的各种武器装备，每个分册图书内容各有侧重点，读者可以相互印证的全面了解现代电磁频谱技术。③浅显易懂——在追求编写内容严谨、科学的前提下，抛开电磁频谱领域复杂的技术实现过程，与领域内出版的各种教材、专著不同，丛书的内容不需要太高的物理及数学功底，初中文化水平即可轻松阅读，同时各个分册都更具内容设计了一个更贴近大众视角的、更生动形象的副书名。

电磁频谱战作为我军信息化条件下威慑和实战能力的重要标志之一，虽路途遥远，行则将至，同仁须共同努力。为便于国内相关单位以及军事技术爱好者、初学者及时掌握电磁频谱战新理论和该领域最新研究成果，我们出版了此套系列图书。本书对我们了解掌握国际电磁频谱战的研究现状，深刻认识当今电磁域的属性与功能作用，重新审视电磁斗争的本质、共用和运用方式，确立正确的战场电磁观，具有正本清源的意义，也是全军开展电磁空间作战理论、技术和应用研究的重要牵引与支撑，对于构建我军电磁频谱作战理论研究体系具有重要的参考价值。

也希望本套丛书的出版能使全民都能增强电磁频谱安全防护意识，让民众深刻意识到，电磁频谱空间安全是我们各行各业都应重点关注的焦点。

2022 年 12 月

序

无人作战，未来智能化战争中能否胜天半子？

恩格斯在《反杜林论》中说：一旦技术上的进步可以用于军事目的，便会强制地甚至是违反指挥官的意志而引起作战方式的变革。无人化作战是下一代战争形态——"智能化战争"的基本作战样式之一。可以预见，人工智能技术的快速发展，必然能够推动无人作战飞机迈上历史舞台，强制性改变未来的空中作战方式。

空中交战被誉为飞行员之间的"空中拼刺刀"。双方飞行员一旦入局，就必须使出浑身解数，用尽一切办法夺取后半球优势来获得先手攻击的机会。当遇到同样训练有素、实力相当的对手，以均势入局的双方就常常陷入生死缠斗，持续进行盘旋急转、桶滚、回旋和剪刀交叉等战术机动，直至决出胜负或一方退出。这个过程中，飞行员要持续观察、判断、决策、行动，既要防止自己出错，又要耐心等待甚至诱惑对手犯错，或者力求通过战术机动逐渐积累优势，最终抓住攻击窗口，赢得战斗。

现代空战，飞行员和飞机、空空导弹、电子战被认为是空战系统的4个决定性要素，要"四轮驱动"

才能稳操胜算，任何一个轮子空转都可能导致"翻车"。单纯从指标性能维度来看，与另外三个要素不断升级换代实现性能飙升的情况相比，飞行员属于整个系统的"后进生"。高强度空战通常要发挥极限性能，但与机器相比，人体的生理心理极限相对较低。例如，人容易因精神持续高度紧张导致观察－判断－决策效率降低，并且随着对抗时间推移因生理疲劳导致出错的概率不断上升；当空战中高 G 桶滚、强势回旋等极限机动时，人的过载承受极限是 $9G$，而飞机过载可以达到 $20G$，空空格斗弹甚至可达 $40G$ 以上；在反应能力上，尽管人的思维敏捷高效，能在秒级时间内做出判断并付诸行动，但与机器人纳秒级的响应速度相比，还是差了好几个数量级——AI 飞行员呼之欲出。因此，如果机器人（AI 飞行员）能够完美替代飞行员，将可以有效弥补这些短板，使空战能力获得巨大跃升。

但是从世界范围来看，人工智能领域的进展仍然不够理想，就连汽车自主驾驶尚且举步维艰（目前实用级别是 L2 级），风靡全球的人工智能软件 ChatGPT 解决复杂问题的能力还很差，比之复杂百倍的自由空战面临的困难更加难以想象。我认为，在未来很长一段时间内，人工智能机器人不可能完全取代飞行员，但同时我也相信在很多方面，机器人可以比飞行员要做得更好。如果人工智能能够模仿人类进行"观察—判断—决策—行动"循环，实现真正的自主智能，它的优势将是绝对显著的，应用潜力将是绝对广泛的。我们看到，当今世界无人机、人工智能已经处于爆发式发展阶段，尤其在军事领域，无人机已经开始和有人机争夺发展资源，乃至在实战中争当主角了。

世界大势，浩浩荡荡；顺之者昌，逆之者亡。无人机能否逆天改命，在与有人机的竞争中胜天半子，最关键的还要看未来几十年人工智能技术的发展。正是看到这个趋势，现在西方强国都已开始大力投入资源进行研究和开发。我关注到，美国国防部高级研究计划局在十年前就开始了布局，采取广泛撒网、外派订单、以民"拥军"等方法，用美金吸引全世界技术精英为美国研发人工智能技术。近年这些项目都相继开花结果，像"阿尔法狗斗竞赛"（Alpha Dog Fight Trials）这样半娱乐性质的人工智能战斗机竞技活动，就是相当成功的一个例子。2020年，在该项目组织的模拟空战决赛中，人工智能机器人以5:0的成绩战胜了一位顶级的F-16战斗机飞行员。

究竟是出于什么考虑，美国人在前景不明的情况下就敢于大笔花钱搞这些研究。原因不外乎两个，一是军事需求的驱动。美国要维持其继续作为世界第一强权的地位，主要依靠其超强的军事力量。而前沿科技总是最先应用到军事领域，是军事力量的核心支柱。人工智能作为智能化战争的主要制高点之一，美国军队肯定要第一时间占领。二是真金白银的诱惑。第二次世界大战期间的"曼哈顿"核计划和冷战期间的"阿波罗"登月计划，奠定了美国在计算机网络、半导体等信息产业的绝对霸主地位，与现今数千万亿美元的产业价值相比，当年研发投入的区区几百亿美元是多么微不足道。在人工智能这个被认定为下一场竞争的领域，还有什么比这更加一本万利的大单生意吗？

大争之世，不争则亡。身处大国竞争时代，各行业领域如果始终尾随拾慧或者选择躺平都不可能赢得未来。只有敏锐把握时代发展脉搏，勇于站立潮头，才能引领时代潮流，摆脱受制于人的不利局面。在无人作战这个新兴领域，如果能够在别人犹豫、举棋不定时，首先迈开大步冲出去，就能让对手遥不可及。反之等对手已经占据优势、定好标准才入场参赛，那么就会错失良机，再次面临被人"卡脖子"的局面。

本书的写作专家团队长期在无人机相关领域教研一线工作，早在十年前，我就曾和他们多次讨论过无人作战未来发展问题，并且共同实地考察了国内多家从事无人机、人工智能和虚拟现实研究的前沿科技企业。我们都对未来无人作战的发展趋势深信不疑，认为应当抓住这个领域换道起步的机会及早布局，推动无人机研究和运用，以在未来无人作战竞赛中赢得优势。针对当时无人机研究刚刚兴起，大众对无人机了解学习不多的情况，我提议可以结合专业特长做一些科普工作。现如今，无人机已经在纳卡冲突、俄乌冲突中经受实战检验，进入了大众关注的视野；人工智能前沿技术发展更是方兴未艾，正在从实验室走向训练场；这部科普作品也在专家团队合作下尘埃落定，我为此感到十分振奋。

本书介绍了无人机领域的相关知识，为我们打开了一扇窗口，学习了解这个领域的过去、现在和将来。通读本书，我们可以了解到美国是如何在低成本可损耗无人机、高空高速无人机、隐身无人机、智能无人机研发上始终坚持"需求侧"引领发展方向的。还可以了解到，无人机和其他行业一样，核心技术不是"外观""配置"，而是动力系统、数据链和任务载荷"三大件"中的新材料、微波半导体、AI算法等技术；在案例篇我们可以看到，掌握无人机作战代差优势的一方是如何"教会对手做人"的。

我在这里特别隆重地向广大读者推荐这本书，希望可以有更多人关注和了解无人作战领域。

皮晓捷
2023年5月于北京

前 言

1917年英国发明了自动陀螺仪，解决了无人驾驶航空器纵向平衡的技术难题，宣告了无人机的正式诞生。在无人机百年的发展历程中，早期陆续通过加装气压高度计、磁性罗盘、自动陀螺仪，解决了无人机飞行高度、飞行方向和机体稳定性三个基本问题，然后运用无线电技术，实现远程遥控。第二次世界大战期间，德国的V-1"复仇者"飞弹是现代无人机和巡航导弹的先驱，其有效射程达到240千米。第二次世界大战后，美国占领了无人机技术的前沿阵地，首先通过研发应用新的高速动力系统，使无人机实现高空高速飞行的能力。AQM-34"火蜂"无人靶机和D-21"黑鸟"无人机成为20世纪六七十年代最先进无人机的代表，并在越南战争中经历实战洗礼。20世纪70年代以后，历次中东战争的参与者以色列在无人机制造和运用中一骑绝尘，先后设计了"侦察员""猛犬"等多款战术无人机，并在贝卡谷地之战中创造了轰动一时的战绩。20世纪90年代，通过应用远程高速数据链和涡轮风扇发动机，美国RQ-4"全球鹰"无人机成了最先进现代无人机的典型代表。21世纪反恐战争时代，美国在阿富汗山区使用的MQ-1"捕食者"察打一体无人机吸引了全世界的目光。在2020年的纳卡冲突和2022年的俄乌冲突中，网络直播时代的战争使"哈洛普"、TB2等攻击无人机迅速成了"网红"，几乎宣告无人机战争时代的到来……而同时无人僚机、无人机蜂群、隐身无人机、高超声速无人机等新概念不断出现，智能无人机正在成为下一代无人机的发展潮流。

在所有无人机谱系中，电子战无人机是类型最多、功能最全，且应用场景最广泛的，也是无人机中最神秘的角色，历来被世界各国军队视为手中压箱底的手段、战场上克敌制胜的看家本领，是关键作战行动中才会使用的秘密"杀招"，轻易不愿示之与人、公之于众，就算在实战中取得战绩，也极少公开宣传报道。自诞生以来，电子战无人机就像孤身走暗巷的孤勇者，在无数次冲突中披风褴褛、对峙绝望，是一名始终未曾站在光里的无名英雄。目前市面上对电子战无人机进行系统介绍的书籍不多，各种关于电子战无人机的报道散见于一些书籍报刊中，且大部分介绍不够深入、不成系统，难以学习和了解。本书就是专门针对电子战无人机进行系统综合介绍的一本科普读物，适合对无人机感兴趣的军事爱好者阅读参考。

为便于广大读者阅读，本书采取小篇幅独立章节模块的方式撰写，对涉及高深专业原理的部分，尽量采用通俗、生动的语言，并结合图表进行阐述，尤其是关于电子战原理部分，专门经过了简略处理，只进行脉络介绍，不涉及任何复杂原理计算和仿真等内容的探讨。全书主要围绕电子战无人机基本情况、作用机理、作战使用和典型战例进行介绍，按照内容相关性组合为4个部分。成长篇由罗广成主笔编写，主要介绍电子战无人机的起源、种类和发展趋势。机理篇由丁凡主笔编写，主要概述电子战无人机平台及动力系统、数据链和电子战任务载荷的作用机理，并简要介绍了反无人机的相关手段和机理。运用篇由丁凡、罗广成合作编写，主要介绍电子战无人机作战使用方式。战例篇由黄金美主笔编写，主要梳理无人机相关经典战例，并结合电子战运用进行评述，黄金美还负责本书插图的精选和美工设计。全书由朱玉萍负责统稿，并由中国工程院院士、军事科学院首席专家王沙飞审定。

本书编写过程中，得到了黄学军、谈何易、苏英振和皮晓捷等专家教授的热心指导。国防工业出版社王京涛主任、张冬晔编辑为本书出版付出了大量心血，是他们的大力鼓励和支持使本书最终得以顺利完成，在此一并表示衷心感谢。另外，书中的部分图片来源于网络，感谢这些图片的制作者与拍摄者，没有你们的工作，本书的内容无法如此丰富多彩。由于时间仓促，且限于作者学术水平、知识阅历，书中肯定存在一些不成熟不严谨的地方，诚挚希望广大读者批评指正。

作　者

2022 年 12 月

目录
CONTENTS

» **成 长 篇 / 1**

无人机的证件照
——江湖人送外号"平头哥" / 3

小型空射诱饵
——多域联动的"无间行者" / 11

"小精灵"无人机
——生死看淡、不服就干的
"蜂群"作战 / 19

"女武神"无人机
——隐身战机的忠诚队友 / 30

智能无人机
——人工智能的先锋 / 43

"全球鹰"无人机
——现代高端无人机的"扛把子" / 50

两型隐身无人机
——隐身渗透侦察的双子星 / 66

雷达干扰无人机
——破解"杀伤链"的剪刀 / 76

通信与导航对抗无人机
——割裂通信网的利刃 / 85

反辐射无人机
——雷达杀手 / 91

机 理 篇 / 99

无人机"三大件" / 101

无人机平台和发动机 / 102

数据链 / 123

电子战载荷 / 131

无人机的克星 / 142

运 用 篇 / 157

电子侦察 / 159

电子诱饵 / 163

蜂群抵近干扰 / 166

伴随掩护干扰 / 169

反辐射压制 / 172

战 例 篇 / 175

案例一：
越南战争中首次亮相 / 177

案例二：
贝卡谷地冲锋陷阵 / 181

案例三：
海湾战争和伊拉克战争
从配角到主角 / 185

案例四：
"格罗尼莫"行动中的无名英雄 / 189

案例五：
RQ-170 隐身无人机被诱捕 / 193

案例六：
暗杀伊朗高级指挥官的元凶 / 196

案例七：
美国海军"人鱼海神"无人机
被伊朗击落 / 199

案例八：
纳卡冲突中引人瞩目 / 202

案例九：
俄乌冲突中的无人机作战 / 205

案例十：
高端战争的代言人 / 209

» **参考文献 / 212**

 成长篇

无人机的证件照
——江湖人送外号"平头哥"

"平头哥"无人机

在弱肉强食、强者为王的非洲大草原，生存着一种以勇敢顽强和凶猛好斗而著称的鼬科中小型动物，它身长不过70~90厘米，肩高25~39厘米，体重不到14千克，连一只狼的体格都比不上，却以无所畏惧的勇气、坚忍不拔的斗志和猴子偷桃的绝杀技在动物界如雷贯耳，凶猛起来让狮子和斑鬣狗都甘拜下风、避犹不及，它曾多年被世界吉尼斯列为"世界上最无所畏惧的动物"，它是非洲草原的"扛把子"，被江湖人送外号"平头哥"的蜜獾。

本书的主角——无人机，在外形上和蜜獾极为相似，都有一个最突出的"平顶头"，不过无人机的平顶头装的不是"脑浆"——航空煤油，而是卫星数据链天线，是无人机赖以驰骋千里之外的生命线。与此同时在作战功能上，电子战无人机拥有在电磁空间"侦、扰、骗、毁"等多项绝杀技，作战领域上天、入海无所不能，作战样式既可单枪匹马闯天涯，全天候持久作战，又可群狼围攻、饱和攻击、快攻快退，必要时更是像拼命三郎，勇闯虎穴、火中取栗，综合战斗力简直爆表。其作战灵活性、持久性令一众传统作战手段相形见绌，战斗指数和韧性丝毫不弱于动物界的"平头哥"。下面，让我们从头开始，一

电子战无人机：翱翔蓝天的孤勇者

起见识电磁战场神秘的"平头哥"——无人机的传奇吧。

无人机与网红"平头哥"外形特征极为相似

（图片源自央视画面）

无人机概念和发展历程

无人机，又称为无人驾驶航空器、无人驾驶航空器系统等，是指通过无线电信号控制的无人驾驶飞机。这里的系统不仅仅是指在空中飞行的飞机平台，还包括任务载荷、地面控制站、数据链，当然还有人。所谓的无人，仅仅指空中飞行的飞机是无人而已。

无人机最早是应用于军用领域，美军在此领域一直走在世界各国的前列。在第二次世界大战时期，美军就向私人企业订购了上万架无人机，作为训练时的靶机使用。

到了冷战时期，随着无人机技术的逐步成熟，特别是1962年古巴导弹危机中，出现了美军U-2侦察机被击落，飞行员被俘的尴尬事件，促使无人侦察机第一次被广泛运用到越南战争等后续空中侦察行动中，这时候无人机就被民间起了一个神秘的名字"间谍无人机"。

在20世纪70年代之后的几次中东战争中，以色列通过引进美军

无人机并广泛投入战场实施侦察和充当诱饵,取得了辉煌的战绩,无人机大规模运用于战场的价值得到有效检验,这一时期无人机扮演了"诱饵机"的角色,在战场上充当炮灰——被称为"有人机替身"。

到20世纪80年代后期,随着宽带数据链技术的成熟和应用,无人机真正具备了现代无人机的基本形态。2000年后,无人机进入井喷式发展时期,各种无人攻击机在几次局部战争特别是反恐战争中大放异彩,承担了定点清除等关键任务,引起了广泛关注,并使其真正广为认知,成了现代战争中的"重要配角"。

2010年前后,世界各国对无人机空域管控规范化,商用无人机得到快速发展,造价低廉、外观新奇的多旋翼无人机在民用市场发展得如火如荼,尤其在公安、农业、园林、影视娱乐等领域得到了迅猛发展。而在军用领域,下一代无人机概念——隐身无人机、空天无人机和无人作战飞机开始出现,我们有理由期待,无人机必将成为下一代"智能化战争"中的"一号主角"!

广州塔1000余架亿航无人机进行飞行表演
(图片来源广州日报)

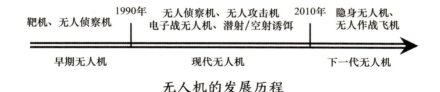

无人机的发展历程

本书所讨论的无人机，都是以现代无人机为起点的，典型的代表是美军RQ-4"全球鹰"系列无人机系统。那么现代无人机系统通常包括哪些重要部分呢？简单来说，主要包括以下六个部分。

第一最重要的是飞行器，每套系统通常都配有1架或多架。

第二就是飞行控制站，我们知道无人机实际必须是有人控制的，只不过是在地面的控制站里，控制站通常有多个，有的可以随无人机部署到前沿基地，主要保障飞机的起降和飞行。

第三是任务规划控制站（也称为情报和任务指挥中心），通常部署于本土，也可随无人机前推部署，对上和联合作战指挥中心相连，对下通过卫星链路控制无人机执行具体任务。

第四是数据链，包括UHF波段卫星遥测遥控数据链、C波段视距遥测遥控数据链、Ku波段宽带数据链和海事卫星遥控数据链，还包括用于多机协同的双向数据链。这是无人机得以翱翔全球的依托，也是它最复杂、最脆弱的地方。

第五是机载任务载荷，包括攻击武器、合成孔径雷达、高光谱相机、红外相机、电子信号侦察设备、电子战设备等。

另外还包括发射/回收系统、飞行器运载器及其他地面操作和维护设备等。

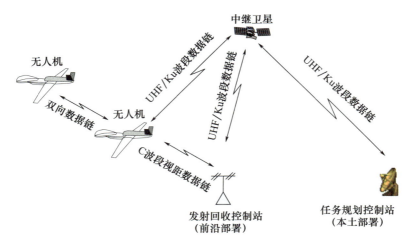

典型的现代无人机系统组成

典型的现代无人机系统具备以下五大特点：

第一是可靠性。相较于早期无人机，现代无人机应用了更加成熟稳定的宽带高速遥控遥测数据链技术，具有极高的可靠性。早期无人机执行任务失败，90%是由于自身机械故障或数据链系统故障导致坠毁，现在比例已经大幅降低了，尽管也有无人机坠毁的个别报道，但其故障率相比有人机可以说是持平的。

第二是自主性。现代无人机具有更加灵活智能的飞行规划能力，在无须地面站遥控的情况下，具有自主飞行和归航能力。这样即使在数据链出现故障，无人机失去地面控制的情况下，它仍然可以自主飞行并安全降落到基地。

第三是长续航。无人机普遍比有人驾驶飞机具有更加持久的续航能力，中小型无人机的续航能力一般能够达到10小时左右，大型无人机甚至能够飞行24小时以上。临近空间无人机（有的称为平流层飞行器）利用太阳能提供动力，执行任务能力可以长达数月至数年之久。

第四是多功能。现代无人机可以装载或挂载多样化的任务载荷，可执行各种复杂任务，部分高端机型还配备了攻击和自卫电子防御载荷，变成了带刺刀的狠角色。

第五是协同性。通过应用双向数据链，无人机可实现多机集群密集协同作战，其集群作战能力远比有人机编队更加智能、更加复杂，可以实施更加复杂的"蜂群""狼群"式作战。

当然，现代无人机并不完美，它本身还处于不断发展成熟的过程中，目前仍存在以下几个缺点：

一是对抗环境下的可靠性不高。目前所有现代无人机的高可靠性，都是在非对抗条件这个前提下获得的，一旦无人机面临复杂战场环境，尤其是处于复杂电磁环境影响下，其安全性就要大打折扣，这是制约无人机战争潜力的最核心问题。

二是战场感知能力较弱。由于载荷能力有限，除大中型无人机外，大部分无人机没有机载雷达，不具备空中威胁感知能力，因而需要依靠双向数据链获取空情预警系统提供的情报保障，这进一步加重了无人机作战对数据链的依赖。

三是实时操控不够敏捷。尽管有宽带数据链加持，无人机操控性与有人机相比仍然显得笨拙，离人–机一体化交互还有很大的差距。这就是为什么美军第六代飞机项目——"无人作战飞机"迟迟不见成效，甚至多次出现传言跳票、下马的原因，当然我们有理由相信在未来"智能化战争"中，无人机将主宰空中战场。

四是机动性不足。大部分无人机机动性较差，中小型无人机飞行速度通常小于200千米/时，采用涡扇发动机的大中型无人机也仅为亚声速飞行，战场上一旦被敌方发现，极易成为活靶子。高超声速无人机还在研发中，未来即使成功应用于战场，其使用场景也很受限。

五是自主程度还有很长的路要走。目前无人机智能化还处于初级阶段，执行任务中始终需要地面人工全程紧密监控，一旦链路中断，很多无人机就变成断了线的风筝。

关于无人机的自主性，可以看下表中美国国防部对无人机系统自主性的分级方法。可见，按照美军的标准，现代无人机系统自主性仅仅处于Ⅱ级和Ⅲ级之间，离达到自主执行任务还有很长的路要走。

美国国防部对无人机自主性等级划分方法

等级	条件要求
Ⅰ级	允许手动控制
Ⅱ级	根据操作人员提供的航点进行自动化控制
Ⅲ级	当人下达指令时，无人机可以使用传感器数据完成高级别动作
Ⅳ级	无人机获取目标任务后，可对任务进行分解，并自主规划以最终完成任务

针对无人机存在的缺点和不足，目前世界各国都在争先研发下一代无人机，力争在"智能化"战争中拔得头筹。综合来看，下一代无人机的发展重点有以下几个方面：

采取宽频谱隐身设计。实现从雷达到光波波段的隐身能力，使无人机能够突破雷达网渗透到对方纵深，大大提升无人机在复杂对抗环境下的生存能力。

具备高机动能力。空天无人机将实现空天一体高机动能力，并利用空中、海面舰艇作为发射回收平台，进一步提高部署和发射的机动性，极大提升无人机发起攻击的突然性、隐蔽性。

广泛应用人工智能。随着人工智能升级完善，将无人机自主作战能力提升好几个段位，无人机实施自主作战、空中格斗不再是障碍。

强大的电磁攻击防护能力。下一代无人机将标配电子战载荷，强化电子干扰、欺骗和防护能力，实现无人机未来在对抗性环境下生存和作战能力大大提升。可以预见，下一代无人机将使敌人"看不见、追不上、瞄不准、打不中"。

无人机与电子战

电子战是电磁频谱域的主要作战样式，包括电磁频谱中的感知、干扰、欺骗和攻击等所有军事行动。通过观察现代无人机系统组成，分析其基本使用方式，可以发现，无人机与电子战是一对密不可分的孪生兄弟。它们之间的关系如下所述：

鱼与水。正是由于无线电技术的发展，使无人遥控飞机得以实现，正是利用了电磁频谱，早期无人机才能实现"无人"飞行。可以说，电磁频谱域是无人机赖以存在的基本条件，在这个层面上，无人机与电子战是鱼与水的关系。

无人机牵引导向。随着无人机的发展，军事需求对无人机能力提出了更高的要求，从 UHF 波段到光波波段，从目视遥控到超视距操控，无人机开始全面利用电磁频谱，以满足实时收发作战指令、任务数据、多机协同等功能，总之，相较于其他武器装备和作战手段，无人机更加显著地将电子战引向了更加广泛的领域。特别是无人攻击机、反辐射无人机的出现，使一向无形无声、人畜无害的电子战展现出其暴烈性的本质。

一体化。随着下一代隐身无人侦察攻击机、空天无人机投入使用，无人机电子战高潮即将来临，发生在无人机电子战领域的隐身与反隐身、攻击与防护、干扰与欺骗的斗争将愈发难分难解。无人机将出现在任何时间任何地点，而只要有无人机出现的地方，就有电子战！

成长篇

小型空射诱饵
——多域联动的"无间行者"

起源

20 世纪 90 年代，随着苏联霸权的解体，作为世界头号军事强国的美国感受到了前所未有的寂寞，没有对手竞争了，就开始琢磨怎样超越自己。美国国防部高级研究计划局（DARPA）就是这样一个精英机构，请大家记住这个机构的简称，因为它可是本书中的常客。美国国防部高级研究计划局认为，保持美军全球空中行动自由是维护美国霸权的重要基石，然而部分"非友好"国家大量采购了先进机动式防空导弹，对美军空中飞机的安全带来了严重威胁。为了有效应对这一威胁，美国国防部高级研究计划局想尽了各种办法，进行了各种投资，尽管很多都打了水漂，但是其中有一个项目，几经波折，历时二十年终于开花结果，这就是现今引起高度关注的小型空射诱饵（MALD）项目。

发展历程

1996 年 11 月，美国国防部高级研究计划局将小型空射诱饵（MALD）概念纳入先进概念技术验证项目，并委托美国空军向著

名的国防供应商诺斯罗普·格鲁曼公司下达一个名为小型空射诱饵（MALD）的预研项目。诺斯罗普·格鲁曼公司于1999年研发成功了首款基本型MALD（定型为ADM-160A），这型诱饵通过安装龙勃透镜以增加雷达散射截面积（RCS），使其可模拟F-22隐身飞机、B-52战略轰炸机等各类作战飞机雷达散射特点，让雷达系统几乎难以将其和真实飞机区分开来。但由于该型诱饵还存在机动性弱、航程短等不足，一直没有得到大规模列装使用。

2003年，美国空军重启该项目，委托雷声公司在ADM-160A的基础上进一步研发了动力更强、航程更远的小型空射诱饵，主要是增大外形、射程，提高速度，定型为ADM-160B。该型空射诱饵不但雷达散射特征能够模拟F-16、B-52H等不同类型飞机，还可以模拟巡航导弹，真正具备了作为高度仿真诱饵的性能，并正式获得军方首肯，经过进一步研发完善（包括数据链等方面），以提高战场运用能力后，该型诱饵正式大规模列装美空军航空兵部队。

2008年，考虑到基本型空射诱饵（ADM-160B）仅限于实施战术欺骗，作战运用场景还是比较单一，美国空军再次推动了新一代空射诱饵（MALD-J）的研究，即在基本型的基础上，加装电子战载荷，使空射诱饵具备对敌方雷达的电子攻击能力，成了美军除专业电子干扰飞机、自卫干扰吊舱和机载干扰弹之外一种新的电子战手段，具备更加灵活的防区内干扰能力。新型空射诱饵（ADM-160C）于2012年交付美国空军进行试验，2014年加装了双向数据链，使空射诱饵具备了态势感知和飞行中调整的能力，能够实施编队协同飞行作战，实现多机组网电子攻击，2015年开始定型并陆续交付部队。至2017年，美国空军和海军航空兵已经完成了数千个基本型和干扰型空射诱饵的采购，主要挂载于空军F-16、F-15、F-22飞机以及B-52H和海军F/A-18飞机。下表是公开资料中可见到的三型空射诱饵基本参数。

三型小型空射诱饵基本性能参数

型号	翼展/米	长度/米	直径/厘米	质量/千克	升限/米	续航时间/分钟	航程/千米	速度/马赫数
ADM-160A	0.645	2.38	15	36.5	9145	25	463	0.85
ADM-160B	1.71	2.84	宽41 高37	115	10668	60	805	0.9
ADM-160C	1.71	2.84	宽41 高37	136	12190	60	925	0.93

2016年后，在美国空军支持下，雷声公司持续研发载荷型空射诱饵（MALD-V/X），使空射诱饵可以自由加装通信、雷达和红外干扰机，以及热成像导引头、反辐射导引头，甚至包括电磁脉冲战斗部，使空射诱饵的功能不再局限于干扰欺骗敌方地面防空系统的目标指示和制导雷达，还具备全频谱电子战能力，并能够对目标实施反辐射攻击、电磁摧毁。载荷型空射诱饵于2018年研发成功并进行了验证，2020年开始采购应用。

空射诱饵基本结构

小型空射诱饵在设计阶段，美国国防部高级研究计划局就在标书中明确了模块化、低廉化和灵活性三个条件。因此，小型空射诱饵十分注重低成本设计，广泛使用商用成熟配件（如发动机），采取模块化设备，以便更好升级改造；采用通用接口，以适应各种发射平台的设计要求，最终实现了低成本高效设计。在产品交付之际，雷声公司的产品研发团队还得到了军方颁发的最佳研发团队奖！小型空射诱饵包括以下几个基本组成。

一是飞行平台。包括机体、发动机、油料系统，占据了小型空射诱饵总质量的主体。

二是航电系统。包括机载计算机、GPS 导航终端、捷联惯导系统、防撞设备等。

三是数据链终端及天线。限于加装双向数据链的型号，用于与指挥机之间以及多机之间的信息通联。

四是任务载荷。采取模块化设置和通用接口设计，以适应不同任务载荷。

五是发射系统。采用通用接口，以实现不同飞机平台进行模块化定制。

除了空射诱饵本身，还有最重要的一个部分，就是针对部分加装双向数据链，具备网络化电磁战能力的型号（MALD-J/N），还需配备一套任务规划与空中实施指控引导系统，通常需要安装在一架大型特种机上，由多名电磁战战斗管理员负责操作，伴随作战行动以对空射诱饵进行集群控制。另外还包括不同平台对接的发射仓、任务加载设备等相关保障设备。

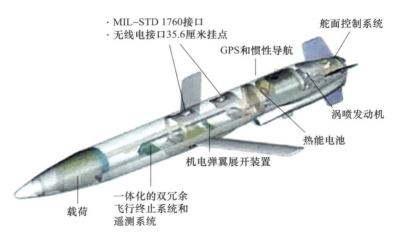

小型空射诱饵的一般结构（图片源自 Raytheon）

作战使用样式和优势

小型空射诱饵实际上是一款用以诱骗、干扰、攻击和摧毁敌方防空系统的小型电子战无人机。作为一种新质力量，其被称为美国空军近年最令人激动和最重要的武器项目之一，和隐身飞机、远程精确制导武器一起组成未来美空军空中作战的"三驾马车"。小型空射诱饵能够在空中作战时多批编队灵活使用，根据雷声公司发布的相关场景公告，其作战使用样式有以下几种。

场景一：反辐射导弹（HARM）+MALD防空压制作战。使用F-16、F-18飞机挂载反辐射导弹和空射诱饵，先发射空射诱饵伪装真实飞机，引诱对方地面防空系统攻击，暴露部署位置。在F-16、F-18飞机识别对方防空雷达目标并侦获对方火力位置后，立即发射反辐射导弹对防空系统雷达实施打击。

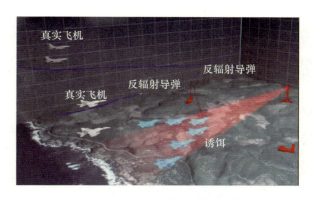

HARM+MALD防空压制作战场景

（图片源自Raytheon）

场景二：联合攻击战斗机（JSF）+MALD穿透式制空作战。使用联合攻击战斗机（如F-35）挂载诱骗型空射诱饵，利用F-35的隐身功能静默飞行进入对方防区，提前释放空射诱饵，模拟真实飞机吸引和消耗对方防空火力，真正的F-35隐身飞机则抵近到目标上空实施精确打击。

场景三：B-52H+MALD防区外精确打击。使用B-52H轰炸机搭载诱骗型和干扰型空射诱饵，在对方防区外释放诱饵，干扰型诱饵负责抵近对方防空系统实施干扰，掩护轰炸机免遭发现和火力威胁；诱骗型诱饵用于消耗对方防空火力,在二者的支援掩护下,轰炸机安全突防至目标附近实施打击。

场景四:MALD+HARM+ 联合防区外打击武器(JSOW)协同攻击。这种场景下,需要一架专门的任务指挥机和预警指挥机,电磁战战斗管理员位于任务指挥机上,通过任务指挥系统指挥空射诱饵群和联合防区外打击武器群,小型空射诱饵主要负责诱骗对方的地面防空系统,将其关注重点吸引到诱饵活动的方向,并诱使其攻击诱饵,消耗其火力;电磁战战斗管理员同步指挥干扰型和反辐射攻击型诱饵对对方雷达系统实施压制,并引导联合防区外打击武器对防空系统实施全面打击。

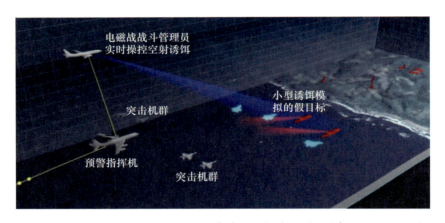

MALD+HARM+JSOW 协同攻击场景(图片源自 Raytheon)

场景五:"低-零功率"电磁频谱战。该场景中,诱饵主要发挥伴动和掩护作用,一是使用干扰型诱饵实施防区内低功率干扰,掩护飞机使用防区外弹药对前沿防空系统实施压制;二是从其他方向发射诱饵群对纵深要地的防空系统实施诱骗,主要目的是掩护主攻方向的隐身飞机编队对纵深要地目标的综合防空系统实施高功率微波攻击。"低-零功率"电磁频谱战的目的是瓦解纵深要地目标的综合防空系统,为后续对目标实施精确打击踹开大门。

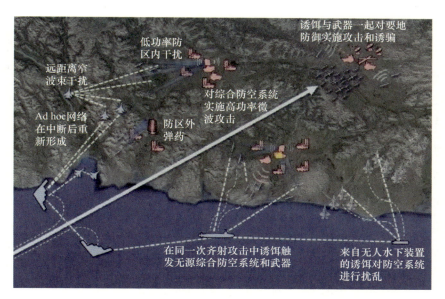

"低-零功率"电磁频谱战场景(图片源自《决胜电磁波》)

存在薄弱环节

2023年5月,俄乌冲突战场上,小型空射诱饵被首次应用于实战。尽管其型号不断发展完善,功能越来越多样,但仍然存在许多不可克服的弱点,特别是飞行保障、作战支持的机载电子信息系统存在严重依赖电磁空间的致命弱点,极易受到敌方网电攻击的威胁。小型空射诱饵的薄弱环节主要体现在"两链"和"三类设备"上。

两链,即双向数据链,包括指控链、协同链。早期型号的空射诱饵由于没有加装双向数据链,仅能按预先规划航路固定飞行,无法进行空中动态控制和多机之间的协同,只能实现简单地模拟各类型飞机飞行的功能。后期小型空射诱饵加装双向数据链后,控制员就能够获取空中态势感知并对诱饵实施动态控制,以及完成多机之间协同。但同时,空射诱饵的双向数据链在电磁空间是属于开放式工作,其发射、接收都是弱方向性,先天具有不可克服的电磁脆弱性,这也是小型空射诱饵等此类无人机天然的弱点。

　　三类设备。包括航电设备、态势感知设备和任务设备。航电设备有导航设备、数据链终端等维持飞行保障的相关电子设备；态势感知设备包括光学摄像头、雷达等设备；任务设备包括龙勃透镜、电子侦察干扰设备、反辐射攻击导引头等。这些电子设备无一例外具有电磁敏感性，极易受到复杂电磁环境的影响，特别是针对性的电子干扰、高功率微波干扰、高能强激光和强电磁脉冲武器攻击等，都能在极短的时间内影响甚至破坏这些设备的工作效能，进而破坏空射诱饵的作战能力。

　　可以说，小型空射诱饵是为电子战而生，遇电子战而亡。除此之外，小型空射诱饵还有两个难以克服的弱点，一个是空中自我防护能力几乎为零，遇到攻击只能被动挨打；二是随着电子设备越来越多，其身价也不断上涨，据报道单枚造价已经高达30万美元，而空射诱饵都是一次性损耗品，其最大的问题就是不能重复使用。

 成长篇

"小精灵"无人机
——生死看淡、不服就干的"蜂群"作战

空射诱饵的烦恼

我们知道,小型空射诱饵应用理念十分先进,而且美军历时二十年,几经迭代升级更改终于研发成功。美军发现这玩意好用得不行,因此不断拓展其军事使用场景,对其军事需求也在不断增加,导致需要不断增加型号和功能。这对于一个项目来说,既是好事,也会带来相应的麻烦。随着军事需求的增加,小型空射诱饵就面临以下烦恼。

一是成本的不断攀升。早期型号ADM-160A的设计成本控制在数万美元,发现性能难以满足需求后,中期成本不得不增加到十几万美元,但随着型号升级,特别是安装数据链、干扰载荷等昂贵的电子设备后,空射诱饵尤其是干扰型每枚采购成本达到32.2万美元!单机一两枚使用还可以接受,但在一些作战场景中组网大批量使用显然太浪费了,毕竟美国人民虽然有钱,但纳税人的钱也不是大风刮来的。

二是项目升级受限。空射诱饵的设计初衷是一次性损耗品,因此平台采用了低成本设计,主要器件如发动机采用民用级设备,稳定性能一般,根本达不到多次重复使用的要求,载荷能力也很有限,只有

几千克量级。随着后续不断加装数据链、增加任务载荷，每一个改动升级都是伤筋动骨，可以说不堪重负，几经升级之后潜能已经挖掘殆尽。假如要实现多次重复使用，就需要进行回收设计，那就要对飞行平台进行全面改造了。就好比建房子，刚开始只是打算建个2层小楼，后来随着想法改变，又想盖个3层、4层，但原来的地基、结构根本无法完全满足这些要求。

因此，一方面，大规模组网无人机的可重复使用势在必行；而另一方面，小型空射诱饵项目由于先天不足，显然不具备这样的迭代升级条件。于是美国国防部高级研究计划局便采取了另起炉灶的思路，2014年，在小型空射诱饵（干扰型）定型的同时，发起了"小精灵无人机"项目。

分布式机载能力的诱惑

谈起"小精灵"无人机，不得不提及美军"分布式机载能力"的理念。在2014年，美军所谓的大国竞争时代的幕布刚刚掀开一角，美国国防部军事精英们满脑子"高端战争"的臆想，幻想美军下一场战争中拥有领先于对手的能力，将来就能怎样怎样的超前思维。由于军事大国通过大量部署现代化防空系统形成强大的"反介入/区域拒止"能力优势，将导致美军最先进的B-2A、F-22A隐身飞机也面临生存威胁，极大限制了美军空中行动自由。为此，美国国防部高级研究计划局提出了"分布式机载能力"项目，其中电子战载荷、作战场景已经在小型空射诱饵项目得到成熟应用，只需拿来使用即可，唯独需要针对不同的作战需求，研发新的平台。2014年底发布的"分布式机载能力"信息征询书（DARPA-SN-15-06）中，美军的主要意图如下。

一是研发可在空中发射、回收（甚至维护）的无人机平台，单机可重复使用。这一点最具挑战性，毕竟地面发射回收无人机根本不成问题（在高端战争背景下，美军也不可能把地面发射阵地前推到前

线），空中发射回收却是至今尚未攻克的难题，特别是美军这次提出的快速多架次连续回收技术，是决定整个项目成败的关键难点。

二是无人机小型化、低成本化，且利用 C-130、B-52H 等大型飞机一次性可搭载数十架。这在小型空射诱饵中已经实现搭载 10 余架的情况下，需要进一步提高搭载规模。成本控制方面，不包括任务载荷情况下，单机成本应控制在 70 万美元以下。可见，美军对新平台的渴望是十分迫切的，投资可谓是下了血本，后期增加任务载荷后，整体成本必然还会大幅上涨。

三是采用模块化设计，可以搭载不同的载荷，以实现小型空射诱饵项目中提出的态势感知、电子战、反辐射攻击等任务的能力。

四是实现单机、组网使用，同步开展无人机蜂群作战概念开发。

总之，美国国防部高级研究计划局试图通过这份信息征询描述这样一种作战构想，在隐身飞机突击过程中，通过大型飞机平台投放大量的小型无人机，采取集群或者分布式运用，遂行态势感知、诱骗、电子干扰等任务，以支援空中突击行动。任务完成后，再通过载机对小型无人机进行逐一回收，经过短暂维护后，还可执行第二次任务。

一波三折的"小精灵"

2015 年 9 月，美国国防部高级研究计划局发布了"小精灵"（Gremlins）无人机项目公告，这个公告进一步丰富了"分布式机载能力"中的有关能力指标，明确提出目标是研发可通过载机在防区外发射，并在完成任务后进行回收的无人机，这些无人机可搭载侦察、电子战载荷，通过组网实现集群作战能力。这份公告中进一步明确了"小精灵"无人机项目的具体构想和军事需求，主要包括：

一是空中发射和回收技术、设备以及配套的飞机集成。

二是相对低成本的、可重复使用 20 次以上的无人机平台。

三是精确的单机、多机空中飞行控制、引导技术。

四是进行飞行验证，具备执行侦察、电子战等功能。

从这份公告的需求来看，"小精灵"无人机就是高级版本的小型空射诱饵，其最重要的一项功能是具备可回收重复使用的能力，以有效降低使用消耗。为达成以上目标，项目共分四个阶段进行。

第一阶段：系统技术方案设计（2016—2017）

2016年3月，由复合材料工程公司承担项目技术解决方案的研制，主要包括"小精灵"系统概念设计的相关技术指标。从公开资料看，设计指标如下表所示。

"小精灵"系统的设计指标

作战半径	续航时间	载重	飞行速度	发射高度	平台单机成本	重复使用
555~926千米	1~3小时	27.3~54.5千克	860~980千米/时	大于12192米	低于70万美元	不少于20次

此外，还设定了相关指标，包括大型运输机平台能发射超过20架无人机，回收速率为30分钟内回收多于8架，回收后再次发射时间不超过24小时，平台成本不高于70万美元等。

从以上指标可以看到，"小精灵"无人机的基本设计性能与小型空射诱饵干扰型（ADM-160C）比较接近，但体积、质量明显增大，在续航时间、航程方面则是空射诱饵的数倍，其主要任务为组网侦察和协同电子战。总体而言，与小型空射诱饵相比，"小精灵"无人机的结构更加复杂、性能更加先进，是一款名副其实的中小型电子战无人机。

第二阶段：方案验证与选优竞标（2017—2018）

起初共有4家国防承包商参与竞标，各自进行了无人机概念验证和空中发射回收设备概念验证，提出了各自的方案。2017年3月，经评估考核，2家承包商的方案被淘汰出局，剩下通用原子和Dynetics公

 成 长 篇

司 2 家承包商在接下来的 1 年时间内开展了技术成熟和风险降低工作。2018 年 4 月进行了最终竞标，Dynetics 公司凭借在开发小型空射诱饵项目上的成功经验和技术，以及组建的由 8 家顶级技术供应商所组成的团队，加上他们提出了非常详细的系统设计，并提供了成熟的应用技术，从而成为最终获胜者。

Dynetics 公司的小精灵无人机概念图

从 Dynetics 公司公布的概念图看，"小精灵"无人机设计使用场景十分灵活，可以外挂运输机和战斗机小批量发射，也可以内装于隐身轰炸机中进行集群发射，执行完任务后，由专门的 C-130 运输机进行回收。

第三阶段：原型机制造与验证阶段（2018—2021）

2018 年 4 月，Dynetics 公司正式中标价值 3860 万美元的"小精灵"无人机项目，进行为期 21 个月的原型机制造和飞行验证工作，目标是实现无人机空中稳定连续回收，以期半小时内回收 4 架无人机。2019 年 8 月，"小精灵"无人机正式获空军命名为 X–61A。Dynetics 公司一共生产了 5 架原型机进行试验。

"小精灵" 1 号原型机

2019 年 11 月，Dynetics 公司进行了首次飞行试验，一架试验机成功验证了空中发射、自主稳定飞行、地面和空中指控系统与无人机建立稳定控制、空中回收预演示等内容，但在最后伞降回收中，由于主降落伞未能成功打开导致无人机坠毁。虽然无人机坠毁了，但首次试验无疑是十分成功的。

2020 年 7 月，Dynetics 公司进行了第二次飞行试验，全面按流程测试了无人机平台飞行、发射和回收系统、空中操作站以及无人机指控数据链系统性能等内容，基本上摸清系统的能力，特别是空中回收

"小精灵"无人机首次飞行测试

系统的有效性得到了有效测试。参加此次试验的无人机未实际进行空中回收,而是采取伞降回收的方式降落,但伞降系统再次出现故障,导致无人机降落时机体受损。

2020年11月,在第三次试验中正式对剩余的3架无人机进行空中回收试验,但最终一共进行的9次空中回收尝试均未成功,主要原因是"小精灵自主对接系统"(GADS)在最后阶段对接时存在小幅度的摇摆和振荡,导致无人机无法准确与飞机对接。

2021年10月,经过近一年的改进,Dynetics公司找到了解决无人机摇摆的方案,并对升级后的无人机进行第四次试验。这次试验共有2架无人机参加空中回收测试,最终首次成功回收了其中1架无人机,另1架则因故坠毁。

回顾"小精灵"无人机研发试验过程,可以发现由于对空中回收难度的预判不足,原计划21个月的研发周期因多次失败,导致研发严重延期,最终历时42个月才取得阶段成功,且其最初计划半小时回收4架无人机的阶段目标仍未实现。

电子战无人机：翱翔蓝天的孤勇者

"小精灵"无人机第 4 次测试成功实现回收

第四阶段：作战能力拓展（2022—2024）

尽管远未称上成功，但 Dynetics 公司首次成功实现无人机空中回收的消息仍然在全世界引起轰动，美国国防部高级研究计划局也深受鼓舞，决定继续推进原本在第三阶段完成即宣告结束的"小精灵"无人机项目，计划在 2 年周期内，实现"小精灵"无人机与任务载荷整合。通过引入转化在"小型空射诱饵"项目中开发的诱饵、电子战载荷，以及在"分布式战斗管理""拒止环境协同作战"等项目中开发的机载自动辅助决策系统、无人机编队自主协作能力，使"小精灵"无人机成为一款真正能够实现集群协同作战的无人机，能够参与到压制、摧毁对方现代防空系统的作战任务中。

可见，"小精灵"无人机项目具有十分广阔的应用前景。从目前来看，主要朝着集群运用无人机进行情报侦察、目标监视和态势感知，以及实施蜂群式电子攻击行动的方向发展。至于加装战斗部以实施火

 成长篇

力打击，或者实施自杀式反辐射攻击、电磁脉冲攻击等，显然与其低成本多次重复使用的设计初衷不符，美军也根本不需要大费周章地设计生产一款具有"回收功能"的一次性攻击武器。因此，可以认为，"小精灵"无人机适合于执行更高价值的作战任务，以发挥其低成本、可重复使用的优势。

超前的无人机蜂群作战

提起蜂群作战，比较通用的说法是运用智能化无人机编组，模拟生物（如蜂群）集群行动的策略，实施高度智能自主协同作战的方式。美军无人机蜂群作战理念相当超前，早在十年前就开始上马了多种无人机平台和相应集群作战关键技术的项目。

无人机平台、集群作战关键技术项目

无人机项目名称	分布式机载能力	低成本无人机蜂群技术	麻省理工学院"灰山鹑"项目	近战隐蔽自主无人一次性飞机
研发产品	"小精灵"无人机	"郊狼"无人机	"灰山鹑"微型无人机	"蝉"微型无人机
集群作战相关技术项目名称	分布式战斗管理	拒止环境协同作战	天空博格人	进攻性蜂群使能战术
研发产品	无人机空中辅助决策系统	无人机群编队协作算法	无人机人工智能系统	无人蜂群作战概念

在所有无人机项目中，"小精灵"无人机是最受注目的能够实现蜂群作战的现代武器，因为其体系结构更加完备、研发使用的技术也最先进，是集成运用美军所有无人集群作战技术的理想试验品。

"小精灵"无人机之所以引起高度关注，不在于其装备本身技术有多先进，而在于其作战理念十分超前，运用方式十分灵活，仅从公开

27

资料中提到的作战运用方式,其所带来的作战方式变革就令人惊叹不已。从公开资料来看,"小精灵"无人机遂行蜂群作战的典型样式主要如下。

样式一:防空压制、制空作战支援(战斗机+"小精灵"无人机+回收运输机)。使用F-16、F-18飞机挂载"小精灵"无人机,在敌方防区外发射,无人机进入敌方防区实施侦察搜索,获取目标位置后保持跟踪,引导后方飞机发射防区外精确打击武器对目标实施远程打击。完成任务后,"小精灵"无人机可返回防区外由C-130运输机回收。

样式二:隐身穿透压制(隐身战斗机+"小精灵"无人机+回收运输机)。使用F-22、F-35隐身飞机挂载"小精灵"无人机,利用隐身静默飞行抵近敌方前沿,提前发射多架"小精灵"无人机,其在前方编队协同并对对方防空雷达系统实施电子干扰,防止敌方防空系统发现、跟踪和瞄准后方隐身飞机群,从而掩护隐身飞机实施隐身穿透打击。任务完成后,"小精灵"无人机由专用飞机回收。

样式三:集群掩护防空压制作战(发射回收运输机+"小精灵"无人机群+突击机群)。出动专门用于发射和回收"小精灵"无人机的C-130运输机,内装各型"小精灵"无人机几十架,该运输机伴随空中突击编队至敌防区外,集中发射无人机后,在安全空域保持对无人机集群进行指挥控制,使无人机集群可有效组网协同对敌防区内重要目标实施侦察、电子干扰,支援掩护空中突击行动。任务完成后,C-130运输机指挥未受损无人机返航回收。

样式四:集群掩护空中突击行动(隐身轰炸机+无人机群+轰炸机群+回收运输机)。使用1架B-1B隐身轰炸机装载20~30架"小精灵"无人机,与其他轰炸机编组飞行至敌防区外,B-1B择机发射无人机,组成蜂群突入敌方防区实施侦察和电子干扰,掩护轰炸机群的突击行动。无人机群的组网协同,由后方地面控制站或空中C-130运输机实施指挥控制。任务完成后,由空中C-130运输机指挥无人机进行回收。

集群掩护防空压制作战（图片源自 Dynetics）

"小精灵"集群掩护空中突击行动（图片源自 Dynetics）

电子战无人机：翱翔蓝天的孤勇者

"女武神"无人机
——隐身战机的忠诚队友

上一篇提到，在美军典型空中隐身穿透打击作战体系构想中，冲在最前线的就是前文所涉及的小精灵和空射诱饵，第二梯队则是隐身轰炸机B-2A、B-21和隐身战斗机F-22、F-35，在这个梯队中还有一个非常神秘的角色，那就是被称为"忠诚僚机"的无人隐身飞机——XQ-58A"女武神"无人机。

神秘替身

现代隐身飞机十分昂贵，以B-2A、F-22、F-35为例，单平台造价都在1亿美元以上，加上各种昂贵的专用电子设备和弹药等载荷，有人估算这身价比用同等体积质量黄金打造的还要贵。这么昂贵的资产，自然宝贝得不得了。美军的B-2隐身飞机从来就没有离开本土部署过。对于F-117A隐身轰炸机，据说当年科索沃战争中，1架F-117A隐身轰炸机被南联盟老式苏制防空雷达发现并引导"萨姆"-2导弹击落，这一结果吓得美军直接将这款飞机全部退役。

时过境迁，美军虽然拥有号称最先进的隐身飞机，但对其在高威胁环境下的生存问题也是没底，在实施其所谓的穿透性作战中，万一来个有去无回，除了经济损失，对美军精神上特别是面子上的打击那真是叫人"伤不起"。如此看来，隐身飞机这么娇贵，执行危险任务时找个"武替"、关键时刻有个"人肉盾牌"还真是十分紧要。

2015年，美国空军研究实验室发起了"忠诚僚机"概念研究，提出为F-35隐身战斗机研发一款具备自主作战能力的无人机，与F-35一起在对抗和拒止环境中协同作战，并要求无人机要尽可能多携带武器，能够对空中和地面目标实施打击。

这里的无人机，使用的是四代机F-16改造的无人机，可以实现有人五代机F-35与无人四代机协同作战。其典型的场景是1架有人长机F-35指挥4架由F-16战斗机改装的QF-16无人僚机并组成编队，实现"一拖四"的有人－无人机协同作战。

由F-16战斗机改装的QF-16无人机

然而，采取四代机改无人僚机的思路，类似于汽车领域使用"油改电"冒充新能源汽车一样，必然存在着许多先天的缺陷和不足，加上四代机根本不具备隐身能力，这种"五代机＋四代机"、"隐身飞机＋非隐身飞机"的奇怪组合，显然属于过渡性质，其发展前景未必看好。

因此，QF-16无人机更多被用来作为靶机使用，成为五代机的猎物。

很显然,"无人僚机"这个神秘的替身,需要一个全新的发展理念。

全新的方案

2015年,美国空军研究实验室"低成本可消耗飞机技术"项目正式上马,目标是开发一款高速、远程和低成本的无人机系统,使该无人机成为F-35、F-22隐身飞机的"战斗僚机"。该项目先期开展演示验证,完成系统概念、原型机制造和试飞试验,一共选择了波音公司、洛·马公司和克拉托斯公司等6家国防承包商参与竞标。

2016年7月,在无人靶机领域深耕多年的中小型公司——克拉托斯公司的方案胜出,赢得空军研究实验室的首肯。另外,波音公司的方案则得到了澳大利亚的投资,继续开展研发。

波音公司与澳大利亚合作的ATS项目XQ-28A无人机

成 长 篇

克拉托斯公司依托该项目所研发的无人机,后面正式被空军命名为XQ-58A"女武神"无人机,其方案特点如下。

克拉托斯XQ-58A"女武神"无人机效果图

高性能:采用涡轮风扇发动机,巡航速度为高亚声速,设计指标为马赫数0.72,最远航程达到5556千米。以上能力使其具备和隐身战斗机随队飞行的能力。

全新平台设计:无人机尺寸达到中型无人机的标准,长度为9.14米,翼展为8.2米,采用后掠式飞翼、V型尾翼,具有低可探测性的隐身设计,雷达散射截面积(RCS)小于四代机。采用助推发射、伞降回收的方式,不需要跑道,可以前推部署。

电子战无人机：翱翔蓝天的孤勇者

XQ-58A"女武神"无人机助推发射

保持低成本：基于损耗性设计，单架生产成本 300 万～400 万美元，采用成熟的商用元件，利用伞降回收，可以实现多次重复使用。

快速设计和生产：通过使用成熟商业制造工艺，减少制造时间和成本，确保快速设计生产。

灵活的任务载荷："女武神"无人机有效载荷达到 544 千克，可装载多种载荷，实现多功能作战能力，可以胜任无人僚机任务。

无人机载荷可以灵活更换

发展历程

"女武神"无人机是一款中型无人机,与"小精灵"无人机等小型无人机相比,拥有更先进的性能;与"全球鹰"等大型无人机相比,不需要跑道起降,这使其拥有更灵活的机动部署能力,且成本更低。根据项目计划,"女武神"无人机的验证分两个阶段共进行5次飞行试验。

历经两年多的研发,2019年3月5日,XQ-58A"女武神"无人机在美国亚利桑那州空军尤马试验场进行了首次飞行验证,完成了长达76分钟的试飞,验证了整个放飞和空中机动流程,并成功实现降落回收。

电子战无人机：翱翔蓝天的孤勇者

XQ-58A"女武神"无人机首次成功试飞

同年 6 月 11 日，XQ-58A"女武神"无人机进行了第二次 71 分钟的验证飞行。

2019 年 10 月 10 日，进行了第三次飞行，主要验证 XQ-58A"女武神"无人机的长续航能力，但在飞行 90 分钟时遇到强风，临时启动回收系统时出现故障，导致无人机坠毁。

针对第三次飞行出现的问题，克拉托斯公司研发团队对伞降回收系统和安全气囊进行了改进，并于 2020 年 1 月进行了第四次验证飞行，这次飞行主要验证无人机在高空飞行（设计升限可达 13714 米）的能力，飞行时长超过 1 小时。

XQ-58A"女武神"无人机的第二次试飞

经过第一阶段前4次共长达5个多小时的飞行试验，有效验证了无人机平台的可靠性和稳定性，有些指标甚至超过了当初的预期。这使得"女武神"无人机顺利进入第二阶段的开发与验证。

2020年12月，克拉托斯公司研发团队获得美国空军超过3700万美金的投入，用于促进XQ-58A"女武神"无人机进入第二阶段试验，即进入空军"空天博格人"项目开展研究测试，主要是加装数据链载荷，在首次与空军F-22和F-35A隐身战斗机编队飞行时，"女武神"无人机搭载了诺斯罗普·格鲁曼公司的"先进战场管理系统"，作为信息中继平台，在飞行中进行数据中转测试，并成功实现了将F-22和F-35A有效链接。

XQ-58A 与空军 F-22 和 F-35A 隐身战斗机编队飞行

这里需要补充说明一下，美军 F-22 和 F-35A 是不同时期开发的隐身飞机，由于二者使用的数据链属于完全不同的系统，无法实现同步通信，导致二者编队飞行时，不能进行数据链组网，相互沟通相当于"鸡同鸭讲"，这极大限制了隐身飞机的作战效能。"女武神"无人机可以说首次成功将二者"搭线牵手"。

角色担当

虽然目前"女武神"无人机的角色仅是担当通信中继，但其实际应用功能却要丰富得多。

第一，实施对地，甚至对空攻击。这是"女武神"无人机作为僚机最为重要的能力，可作为先锋角色发挥替身作用，在有人隐身飞机前面冲锋陷阵。该无人机可以装载多枚 GBU-39 小直径炸弹，该型炸弹重 110 千克，战斗部为 22.7 千克，攻击距离可达 110 千米，可实施对地精确攻击。未来还有可能发展挂载空空导弹，以实现对空作战能力。

XQ-58A "女武神"无人机投放各种武器效果图

第二,加装各种电子载荷,如机载雷达和电子信号情报设备,或者电子战载荷,既可发挥侦察监视的作用,又能实施电子信号侦察、支援干扰。

电子战无人机：翱翔蓝天的孤勇者

XQ-58A 投掷 ALTIUS-600 小型无人机

第三，在强对抗性和高威胁作战环境下，当有人隐身飞机面临敌方导弹威胁时，通过增大红外特征作为诱饵，使导弹攻击自己，充当"人肉盾牌"，牺牲自己来保护价值更高的有人飞机。

可见，"女武神"无人机通过装载不同载荷，具有十分灵活的作战功能。考虑到无人僚机使用场景通常是1架有人机搭配1~3架无人僚机，实际使用时就可以十分灵活地进行组合，以达成最优化的空中作战体系。

骨感的现实

尽管XQ-58A"女武神"无人机是"忠诚僚机"项目最理想的产品，并且也经过了多次试验和测试，美军也一直将其视为一个可以改变"战场游戏规则"的项目，但与现实作战需求来看还有很大的差距，可以说"理想很丰满，现实很骨感"。

按照设计要求，"女武神"无人机可采取预先编程和人工控制的方式飞行，不管哪种方式都需要人工干预，而且是由地面人员进行监控保障，这必然会造成地面控制与空中飞行"两张皮"脱节的现象。

成 长 篇

　　未来如果采取完全空中控制，又会增加飞行员的操控负担。我们普通人没有实际操控飞机的经验，但驾驶汽车经验应该是很平常的。当你在高速路上驾驶一台小汽车时，总体感觉是相对轻松但又不能轻易分心，假如这时需要你去关注和控制附近1~3台无人驾驶汽车的运行情况时，是不是就感觉有点手忙脚乱了呢？而一旦路上车流量增多，路况变得复杂，是不是就感觉无法应对了呢？要知道，按照目前的能力水平，当"小精灵"无人机或者空射诱饵集群在使用时，都是需要安排专门的"电磁战斗管理员"进行指挥控制的。这里的"电磁战斗管理员"通常不是一两个人，而是一个团队，而且要有一架大型指挥机来装载指控系统，才能实现保障。

多无人机集群需要一架大型指挥机搭载"团队"进行指挥保障

　　按照当前最新试验的情况，"女武神"无人机的第一个任务竟然只是充当F-22与F-35的通信平台，真成了个"拖油瓶"的角色，着实令人忍俊不禁。可以说，"女武神"无人机离"无人僚机"的设计目标

41

还有很远的路要走，这就解释了为何会出现XQ-58A样机试验结束后要被送到博物馆收藏的结局了。

无人僚机的最终出路，还要看人工智能的发展能达到什么程度。

美国空军已经认识到，如果继续按照低成本可消耗无人机的思路发展，根本上难以达成"无人僚机"的目标。因此，下一代无人僚机必须发展高端机型，并且同步开发人工智能技术。

据公开报道，目前美国空军已经启动了针对B-21隐身轰炸机和"下一代空中主宰"战斗机的配套无人僚机项目，在当前的论证时即摒弃了所谓的低成本限制，预算投入成本至少要达到其合作伙伴——隐身战机的一半。那么根据估算，开发B-21隐身轰炸机的无人僚机，成本将可达3亿美元，而新一代隐身战斗机的无人僚机成本则为1.5亿美元左右！美军如此不惜血本研制新一代无人僚机，必然是深刻洞察了其在未来战场的作战价值。

 成长篇

智能无人机
——人工智能的先锋

上篇提到,"忠诚僚机"在取得阶段性成果的同时,也面临较大的困境,但人工智能无人机的方向无疑是正确的,现在面临的困难都是人工智能发展还不够成熟、不够完善造成的。

根据通用的说法,所谓无人机人工智能,就是使无人机能够自主感知威胁并做出自主反应,能够在对抗环境下,与有人机进行密切协同或者自主作战的技术。人工智能一旦成熟,就能够根本上改变目前无人机这种"牵线木偶"的状态。

美军认为,"忠诚僚机"中最难的问题就是开发一套集成人工智能算法的"自主核心系统"。这个系统极其复杂,需要解决自主飞行、自主决策、自主反应等一系列深层次问题,是综合一个国家最高科技水平的尖端科技集。

美国就是依靠一群顶尖高校、研究机构和国防承包商作为基础实力,在国防部高级研究计划局以及空军研究实验室大力推动和巨额资金的支持下,使得人工智能水平不断提升,始终引领世界潮流。

天空博格人

2015 年来,美国空军研究实验室在推进"低成本可消耗飞机技术"项目的同时,通过相关的"低成本可消耗无人机平台共享"项目也向

波音公司、洛克希德·马丁公司和诺斯罗普·格鲁曼公司等国防承包商采取撒网式投资，进行人工智能相关技术研究，以突破自主无人机技术。

2018年10月，美国空军研究实验室启动名为"天空博格人"的项目，目标是研发一款具备自主起降，能够感知天气、地形和空中态势并自主安全飞行的无人机。该项目主要分为两个部分，分别涉及数十家单位。

一是无人机平台。该项目委托波音公司、通用原子公司和克拉托斯公司分别研发原型机，作为试验平台，其中克拉托斯公司可以利用前期"低成本可消耗飞机技术"项目开发的XQ-58A"女武神"无人机参与到"天空博格人"项目中。

"天空博格人"无人机概念图

成长篇

二是自主核心系统。由国防承包商雷多斯（Leidos）公司（军工巨头，世界500强企业，开发小型空射诱饵、"小精灵"无人机的Dynetics公司已于2019年被其收购）作为总承包商，整合十多家单位多年来的研究成果，研发一种基于人工智能算法的自主控制系统。该系统是无人机的"智能大脑"，通过该系统，使无人机在高度自主飞行的情况下，接收有人长机或地面指挥命令，即可自主完成压制敌方防空火力、打击地面目标和进行电子战攻击等任务。

2021年4月，克拉托斯公司采用靶机平台BQM-167A改造的UTAP-22"灰鲭鲨"无人机首次搭载"自主核心系统"进行试飞，实现了"天空博格人"无人机的首次飞行。

UTAP-22"灰鲭鲨"无人机

同年，通用原子公司的 MQ-20"复仇者"无人机也加载了"自主核心系统"进行了两次试验，并首次实现了无人机编组试验。

MQ-20"复仇者"无人机

虽然以上试验取得了初步成功，但二者的无人机平台要么是取自靶机（UTAP-22"灰鲭鲨"无人机），要么就是转自无人攻击机（MQ-20），属于典型的"油改电"半路出家应急试验机，与"天空博格人"的自主起降、自主飞行和自主感知的要求还是有不少差距。

而"天空博格人"实际需要一个更先进的无人机平台。

机外感知站

2021年10月，美国空军研究实验室"天空博格人"进入第二阶段

"机外感知站"项目,用于开发更高性能的无人机,使其搭载传感器和武器,作为有人机的忠诚僚机,扩大有人机的态势感知范围,必要时成为有人机的前锋并实施攻击。

2022年初,克拉托斯公司和通用原子公司两家很快推出了专门的"天空博格人"原型机。其中克拉托斯公司推出的是"魔王"无人机,该机采用全新设计,最重要的改变是采取滑行起降方式,单机造价初步增加为800万美元,是XQ-58A"女武神"无人机的2倍以上。

"魔王"无人机效果图

通用原子公司推出的是Gambit"弃兵"无人机。二者的任务是将"自主核心系统"整合到更高级的无人机平台,实施第二次演示实验,根据计划,空军研究实验室将从中择优选一。相关研究计划将安排到2028年。

Gambit"弃兵"无人机效果图

目前，我们尚未得知最终效果，且二者还必须经过一系列演示实验才能最终定优劣。目前智能无人机的相关资料也很少，但可以预见，未来人工智能无人机已经离我们越来越近。

智能化

能够承担"忠诚僚机"任务的智能无人机必然是"高端无人机"，不应该是低成本损耗型无人机的定位。

首先，要足够智能。智能包括两个层次的水平，第一层次，可以自主起降，感知天气、地形和空中态势并自主安全飞行，目前以及未来数年内正在进行验证的就是这个层次；第二层次，是在对抗环境下，无人机接收指令后，可以自主感知空中态势和威胁，利用智能算法得出最优方案，自主做出决策，并自主执行攻击、侦察监视、电子战等任务。

其次，要足够稳定。稳定即安全、可靠。安全，是指无人机在复杂气象环境、空中态势情况下能够安全起降、稳定飞行。可靠，是指无人机在接受指令进入"自主模式"后，能"忠诚"地承担起最危险

成 长 篇

的任务,甚至让无人机选择牺牲"自己"。

最后,要维持低成本。从小型空射诱饵、"小精灵"无人机到"女武神"无人机项目,美国空军一直强调"低成本、损耗型",但由于要满足军事需求的升级,促使无人机成本不断成倍攀升。尽管未来智能无人机必然不便宜,但强调"低成本"仍然意义重大。因为发展无人僚机的原动力就是为昂贵的有人机找到廉价的替代者,当无人机成本高到一定程度,其意义就将不复存在。从目前来看,有人预计无人僚机成本的上限,就是不能超过有人长机制造成本的一半。按照美军下一代轰炸机 B-21 成本约 6 亿美元和下一代空中主宰战斗机成本约 3 亿美元的粗略估算,其未来配套的无人僚机的成本分别达到了 3 亿美元和 1.5 亿美元!

2022 年 12 月造价 6 亿美元的 B-21 轰炸机正式公开亮相

电子战无人机：翱翔蓝天的孤勇者

"全球鹰"无人机
——现代高端无人机的"扛把子"

前面所提到的无人机，均是"低成本可消耗性"无人机，是面向空中作战行动中担负先锋突击、前沿侦察和电子战等特殊任务而设计的无人机，而真正体现现代无人机最高水平和最尖端科技的高端无人机，非美军的RQ-4"全球鹰"无人机莫属。"全球鹰"是现代无人机的典型代表，因为它集成了美国最先进的制造技术和工艺，实现了所有无人机所应具备的能力，代表了现代无人机的最高水准。

设计起点

1994年，美国国防部高级计划研究局下达了"高空长航时先进概念技术验证"项目，由诺斯罗普·格鲁曼公司承担项目研究，主要任务是开发一款新型高端无人机，其能力参照美军最先进的U-2侦察机，并能够替代U-2侦察机在全球执行任务。

高空飞行能力。无人机能够在18000米高空飞行，从而免受商用航空器的干扰和恶劣对流层天气影响，并且能够获得更好的侦察视野。

超长航时和航程。续航时间达到20多小时，最大甚至可达30小时以上，实现全球范围内跨洲飞行。

全天候任务侦察能力。采用最先进的任务设备，包括光电侦察、雷达成像侦察和电子信号情报侦察等手段，以实现全天候侦察能力。

成 长 篇

先进的数据链系统。利用军事卫星通信、视距通信和海事卫星通信等多种数据链路系统,实现远程遥控和高精度的任务数据传输。

按照以上目标,"全球鹰"无人机项目的核心是开发全新的无人机平台及其配套的飞控系统、任务系统。

1998年,第一架"全球鹰"无人机平台实现首飞,此后经不断升级改进,至今共迭代升级了6代。

第一、二代(BLOCK 0/BLOCK 10),一共生产了约6架,安装了早期的光学照相、红外成像传感器,以及一部合成孔径雷达,主要用于科研和训练任务。

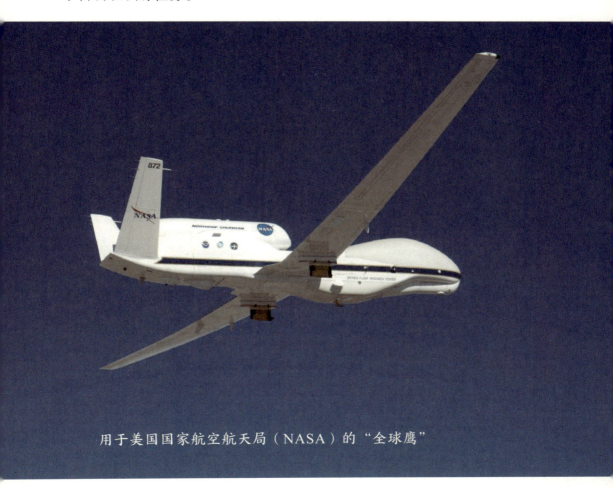

用于美国国家航空航天局(NASA)的"全球鹰"

电子战无人机：翱翔蓝天的孤勇者

第三代（BLOCK 20），在第二代基础上升级了新的增强型一体光电侦察设备，增加了可见光、中波红外照相侦察的观测范围，提高了图片清晰度，一共生产了约10架，主要配属于美国空军。

第四代（BLOCK 30），这一代主要加装了信号情报侦察设备（SINGT），作为出口欧洲版本，命名为"欧洲鹰"；美军版本安装的是先进信号情报设备（MULTI-INT），并升级了雷声公司的增强型侦察监视系统。该型号一共生产了20多架，是当前的现役主力机型。

第五代（BLOCK 40），升级了先进的有源电子扫描阵列雷达（MP-RTIP），具备对地、对海雷达的监视能力。一共生产了10多架，分别配属北约和美军。

第六代（BLOCK XX），主要改装为海上侦察机（MQ-4C），增加机载电子支援设备（一般包括雷达信号告警器和导弹逼近告警设备）和对海监视雷达功能，或者可根据用户要求增加新的载荷，主要面向美国海、空军和国际市场。

美国空军的"全球鹰"无人机

"欧洲鹰"无人机

北约第五代 RQ-4D 无人机

美海军 MQ-4C 无人机

日本自卫队 RQ-4B 无人机

韩国空军 RQ-4B 无人机

无人机界永远的神

从"全球鹰"无人机近20年来的表现看，无论是在中东的伊拉克战争，中亚的阿富汗战争，还是在2022年的俄乌冲突中，以及在西太平洋地区的常规侦察任务中，其平台的稳定性经受了全球环境的考验，其突出的侦察能力也经历了多场局部战争的检验，有的人甚至称它是无人机界"永远的神"。"全球鹰"无人机之所以能获得如此美誉，因为它是现代无人机先进技术的集大成者，开创并实现无人机的4个"最"。

顶级的研发设计团队。"全球鹰"无人机的主承包商是诺斯罗普·格鲁曼公司，而相关部件研发则外包给了数十家军工企业，如英国罗尔斯·罗伊斯公司提供了AE3007H涡轮风扇发动机，雷声公司提供了光电/红外传感器、合成孔径雷达和地面站系统等。

从这些参与者名单看，每一家都是各自行业领域的佼佼者或者"独角兽"，可以说全球鹰代表了美国军事工业顶级水准。而美国军事实力之所以如此强大，很大一方面是因为其拥有这些独步全球的军工企业集群。

这里多说一句，美国这些军工企业可不是什么"纯良无害"的角色，它们都是清一色的华尔街"纳斯达克们"，背后的实际金主"stakeholder"都拥有直通国会山、总统办公室的通天能力，但凡世界有点风吹草动，美国军事力量打着"维护世界和平"的旗子一顿忙活，军工企业的业绩顺势跟着一路看涨，赚个盆满钵满，美国"以军养民"的套路，让整个世界表示看不懂、学不来。

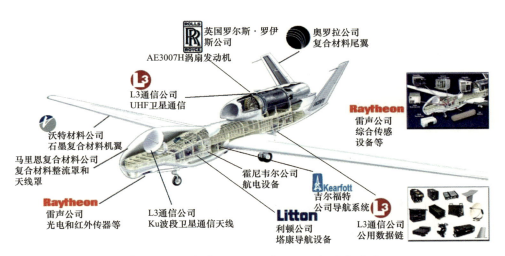

参与"全球鹰"项目的公司(供应商)

主承包商	诺斯罗普·格鲁曼	Ku 波段宽频卫星通信设备	L3 通信公司
机体设计生产	诺斯罗普·格鲁曼	UHF 卫星通信设备	L3 通信公司
AE3007H 涡扇发动机	英国罗尔斯·罗伊斯公司	石墨复合材料尾翼	奥罗拉公司
石墨复合材料机翼	美国沃特材料公司	地面控制站、综合传感器、雷达告警设备、红外诱饵弹	雷声公司
航电设备	霍尼韦尔公司	捷联惯导	基尔福特公司
MIT 合成孔径雷达、光电/红外传感器	雷声公司	公用数据链	L3 通信公司
复合材料整流罩和天线罩	马里恩复合材料公司	塔康导航设备	利顿公司
系统任务计划	英国 BAE 公司	起落架	赫罗克斯公司

最完善的体系设计。"全球鹰"无人机采用了最先进的体系架构,运用前沿滑跑起降、后方任务指控的灵活部署方式;还有应用迄今最完善的遥控遥测技术等。可以说,"全球鹰"无人机集合了当代无人

机的顶配技术，现代所有无人机的技术架构，都超不出"全球鹰"无人机的范围，其他产品都是在"全球鹰"基础上的简配，或者升级改进版。

最先进的平台性能。这是世界上首款超大型无人机平台设计，机长13.4米、翼展长达35.4米、质量超过11吨。具备18000米的高空超长航时能力，并可通过卫星中继，实现跨洲飞行。

可能大家对这些数据没什么概念，如果将"全球鹰"无人机平台与其他两型军用侦察机U-2、P-8A（波音737）相比，就可以看出"全球鹰"无人机足以脚踢P-8A、平替U-2，单看这一点就很能打。看来虽然出得晚，但野心不小啊！

U2、P8A与"全球鹰"无人机

最可靠的数据链。"全球鹰"无人机的机载综合通信系统，共使用了5条通信链路，其中包括：

视距通信链2路：1路是发射回收站专用的UHF波段遥控遥测数据链；1路是任务控制站的X波段视距通用数据链（CDL LOS），既可用于遥控遥测无人机，也可用于接收传感数据，传输速率可达274兆比特/秒，平均则是10兆比特/秒左右。

卫星通信链路3路：1路是UHF波段遥控遥测专用卫星通信数据链，任务控制站和发射回收站都配备了；1路是Ku波段军用卫星通信数据链，传输速率为50兆比特/秒左右，既可用于传输传感器数据，也可用于遥测遥控；第3路则是位于同步轨道的国际海事卫星通信数据链，工作于L波段，主要用于遥控遥测。

此外，还另有1路用于空中交通管制的无线通信。

可见，为了提高了无人机的安全性和执行任务的能力，在通信这一块，"全球鹰"无人机那是用上了"顶配"，不管视距与卫星、民用和军用，所有能用的先进手段，通通配置拉满。

"全球鹰"无人机通信配置

最全面的侦察载荷。全球鹰具有良好的载荷能力，早期RQ-4A型载荷质量为900千克，后期RQ-4B型载荷质量可达1800千克，为加载各类电子载荷提供了基础。"全球鹰"无人机主要搭载4类高性能侦察载荷，成为配备现今最尖端技术的侦察平台之一。

第一类是光电成像侦察载荷。包括高精度可见光侦察照相机、中波段红外热成像相机，成像距离分别可达80千米、30千米。

第二类是雷达成像侦察设备。搭配AN/APY-6合成孔径雷达（早期配的是休斯公司的商用雷达HISAR），成像距离可达200千米，条带扫描成像的分辨力可达1米，凝视侦察成像的分辨力可达0.3米。

第三类是电子信号情报侦察载荷。该载荷在第四代"全球鹰"无人机上才开始搭载，具备对从超短波到毫米波的通信、雷达电子信号进行侦察截获、分析和目标定位的能力。得益于无人机平台飞行高度较高，侦察距离最远可以达到550千米以上。

第四类是电子支援设备。电子战设备是"全球鹰"无人机的附加设备，是在无人机需要进入危险空域执行侦察任务时才安装的。主要包括雷达告警器、箔条和红外干扰弹以及支援自卫干扰机，目前虽尚未见到相关报道，但从美军成熟的机载自卫电磁设备系统来看，集成安装并非什么难事。

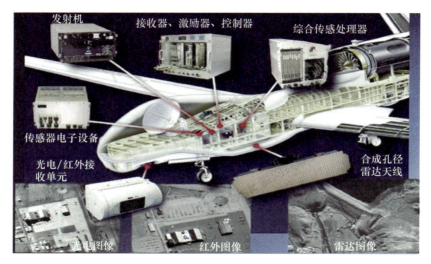

"全球鹰"无人机主要载荷

辉煌的战绩

媒体上关于全球鹰的相关报道已经多如牛毛，在过去二十多年美军参与或介入的历次战争中，都有十分抢眼的表现。如在2022年的俄乌冲突中，美军表面上声称不介入，而实际上每天都派出大量侦察机在附近相关空域进行侦察，其中"全球鹰"无人机更是常客，正是在这个空中"高倍望远镜"的监视下，美国对俄乌战场上每一个战术行

动都了如指掌。

"全球鹰"无人机对乌东地区的侦察航迹示意图

位于华盛顿的战争研究所（ISW）是一间具有军方背景的智库，自俄乌冲突开始，其每天都发布一期冲突作战动态更新，对双方每日的具体作战行动和战果进行了细致的分析。美国能掌握如此详细的情报，每天都在黑海周边转悠的"全球鹰"无人机可以说功不可没。

战争研究所每日发布的俄乌冲突动态评估

在过去20多年中，"全球鹰"无人机总共执行了超过32万小时的飞行任务，足迹遍及伊拉克、阿富汗、北非也门和索马里战场，以及

电子战无人机：翱翔蓝天的孤勇者

亚太地区。

2001年阿富汗战争中，美国空军的"全球鹰"无人机执行了50次作战任务，累计飞行1000多小时，侦获了15000多张目标图像，获得"天空之眼"的美誉。

2003年伊拉克战争中，"全球鹰"无人机执行了15次作战任务，获取了4800幅目标图像，虽然飞行架次仅占美军所有侦察架次的5%，其情报却支持美军摧毁了伊拉克13个地空导弹阵地、50个地空导弹发射架。

未来的隐忧

客观地说，"全球鹰"无人机是当今最成功、最有影响力的一款无人机，其制造商美国诺斯罗普·格鲁曼公司将其视为最有影响力的产品之一，并称之为代表美国军工科技的顶级产品。

然而，正如有句犹太谚语说：人类一思考，上帝就发笑。自"全球鹰"无人机设计定型的那一天起，它就一直深陷各种缺陷和质疑的话题中。

比如，"全球鹰"无人机不够可靠。尽管使用了当今能用上的所有通信数据链手段，但这些手段都具有共同的致命弱点——需要通过电磁空间发射和接收信息，而电磁空间是动态开放的，注定了其所有的通信链路都具有电磁脆弱性。这一点在和平时期没有什么问题，但一到战时如果对手掌握先进的电子战手段，就会给"全球鹰"无人机带来十分麻烦的问题。

还有，"全球鹰"无人机速度慢、体形大，不具备隐身能力。虽然飞行高度比较高，一般的火力奈何不了它，但在现代防空系统面前，就是一个"行走的易拉罐"。更不用说一旦其被空中猎手——战斗机盯上，几乎不可能逃脱。

此外，"全球鹰"无人机整体架构太过复杂。其超大的机体，装

满了各种先进的设备,导致总质量11吨的机体,留给任务载荷量仅有900千克,占比连10%都不到。由于"全球鹰"无人机配置过多,导致地面站和相关支撑保障设备十分复杂,对保障人员的要求也较高,总体成本越来越高昂。

总的来说,"全球鹰"无人机只能在和平时期进行常规侦察,或者在一些具有一边倒优势的低强度战争中,每天慢慢悠悠地搜集情报。

两型隐身无人机
——隐身渗透侦察的双子星

对于"全球鹰"无人机的短板，美国国防部高级研究计划局的精英们比谁都清醒。在未来强对抗环境下的高端战争中，美军需要一款比"全球鹰"更强大的无人机。因此，"全球鹰"无人机刚一定型，美军就开始了下一轮布局和投资。只不过是作为机密项目，至今官方和承包商都没有公开承认而已。

"大白蝙蝠"的神秘现身

据美国《航空周刊与空间技术》等新闻媒体报道，2005年在"联合无人战斗空中系统"（J-UCAS）项目下马之后，美海、空军分别提出了各自的替代性目标，空军提出了一种高空侦察隐身无人机项目，以替代SR-71"黑鸟"超声速战略侦察无人机。

美空军的隐身无人机计划起初分别由诺斯罗普·格鲁曼公司、波音公司和洛克希德·马丁公司三家军工巨头参与竞标，最终被"全球鹰"无人机主承包商的诺斯罗普·格鲁曼赢得订单。该项目于2008年前后签订研制合同。

海军则提出发展空天高超声速无人机X-47B，近年来媒体对海军X-47B关注较多，为其新颖的创意和科幻的外形所折服。而空军的隐身无人机项目则十分神秘，显然隐藏的东西更加危险。

成 长 篇

2013年12月9日，美国一名记者在杂志上透露诺斯罗普·格鲁曼公司正在制造一种代号为RQ-180的全新无人机，并披露该飞机在2010年实现首飞，2014年通过评估被授予装备服役资格，2017年正式服役，首架装备于空军第427空中侦察机部队，目前美军至少装备了7架RQ-180。

RQ-180想象图

2019年，美国空军于加利福尼亚州贝尔空军基地成立了第74侦察中队，作为装备新的RQ-180"大白蝙蝠"的无人机部队。

电子战无人机：翱翔蓝天的孤勇者

2019 年新组建的第 74 侦察中队徽章采用"白蝙蝠"图案

2020 年 10 月，美国摄影师柯林斯基在美国空军试验基地附近拍摄到了一架 RQ-180"大白蝙蝠"无人机。

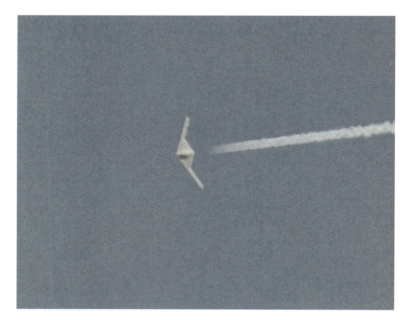

柯林斯基拍摄到的 RQ-180 无人机

2020 年 9 月，美国《国家利益》杂志报道称第 74 侦察中队的一个分队已经部署到关岛美军安德森空军基地。2021年9月份在菲律宾附近空域被拍摄到的RQ-180飞行的照片，显然是官方为了博取关注度而有意泄露的。

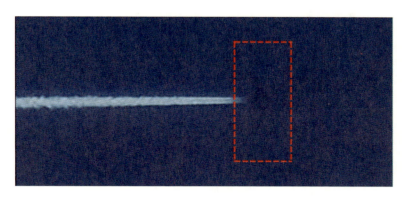

RQ-180无人机在菲律宾上空出现

2021年11月9日，美国空军武器专业卓越中心（PACE）发布了一段宣传视频，视频中公开了RQ-180"大白蝙蝠"隐形飞翼高空长航时无人机，声称其"将取代过去气球和双翼飞机的时代"。

美PACE声称"大白蝙蝠"将取代"气球和双翼飞机的时代"

电子战无人机：翱翔蓝天的孤勇者

综合各媒体报道，RQ-180无人机采用类似B-2隐身轰炸机的飞翼设计，质量约14吨，续航时长24小时，航程2.2万千米，拥有全向宽频雷达隐身能力，可搭载有源相控阵雷达（AESA）、电子信号情报侦察设备和电子战载荷，主要用于实施侦察和电子支援攻击，是一款具备电子战攻击能力的隐身高空长航时无人机。

"坎大哈野兽"的传闻

2007年底，一张在阿富汗坎大哈机场拍摄的美军无人机照片引起了轰动。该无人机外观科幻，极像1架缩小版的B-2轰炸机，且从未在任何媒体上公布过，而美军对此也是三缄其口，因此外界只能给这款无人机起了一个绰号"坎大哈野兽"。受此事件影响，这款无人机持续引起了世界关注。2009年12月，驻阿富汗美军首次公开了这一款名为RQ-170"哨兵"的隐身无人侦察机。

RQ-170"哨兵"无人机

据媒体报道，RQ-170"哨兵"无人机是美国洛克希德·马丁公司于2001年后开始研制的中大型隐身无人侦察机，起飞质量3.8吨、翼展19.8米、最大升限约1.5万米、巡航速度约650千米/时、续航时间为12~15小时。

RQ-170"哨兵"无人机效果图

RQ-170无人机曾多次前往巴基斯坦对本·拉登实施追踪，2011年5月11日晚，时任美国总统奥巴马在RQ-170的支持保障实时观看了对本·拉登的突袭行动。

2011年12月4日，伊朗军方宣布俘获一架美国无人机，从外形上看该机机体基本完好，美国不得不公布这是一架执行特殊侦察任务的RQ-170"哨兵"无人机。这一突发情况直接反映出美国隐身无人机仍存在较大漏洞，很容易就被干扰、诱骗。

高端需求

我们知道，无人机隐身化是美军继RQ-4"全球鹰"无人机之后一直孜孜以求的目标。美军用了近二十年的努力，通过RQ-170和RQ-180系列无人机项目，终于初步实现了隐身无人机的实用化。

这代表了无人机的一个趋势，可以说相比于以往历次升级，无人机隐身化的难度和代价要大得多，所以目前也仅仅是个别列装试用或试验，离大规模实战运用还有很大距离。但无人机隐身这一技能的解锁，代表着无人机终于真正跨入实战应用的门槛，同时新的作战理念也应运而生。

"穿透性制空"（PCA）作战概念是美军为持续谋求绝对空中优势，提出发展具有深入敌方强大的空防系统，侦察打击敌方重要目标的空中优势的能力。其中的核心能力是B-21、F-22、F-35等隐身飞机，以及无人机等手段。

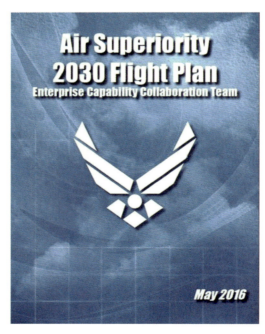

美军《空中优势2030飞行规划》提出"穿透性制空"作战概念

美军认为,"穿透性制空"最重要的是"制信息权",而要真正夺取强对抗环境下的制信息权,就要依赖颠覆性技术,定向能武器、高超声速武器和人工智能都是美军正在大力突破的领域,而这些技术最先应用的平台,就是无人机。

隐身、高机动无人机平台的研发成功,为智能化电子战无人机的发展铺平了道路,使其必将成为未来高强度战争背景下实施穿透性制空作战的先锋。

不定的号角

在过去,无人机在电子侦察、电子诱饵、电子攻击中已经发挥了重要作用,甚至在一些典型战例中大放异彩,树立了威名。在纳卡冲突、俄乌冲突中也有抢眼的表现。

现在,隐身无人机、无人武库机、忠诚僚机已经进行了概念验证,很快就可以投入使用。

2012年,美国的机载激光武器(ABL)项目在经过几次成功的试验后被宣布下马。乍一看,情况很令人疑惑,机载激光武器项目明明每次试验都成功了,为啥还要取消呢?

事实很好理解,机载激光武器是一种助推段反导手段,其实际有效作用距离大约100千米。而弹道导弹一般都部署于防护严密的纵深地区,战时怎么可能让一架波音747大型客机大摇大摆地进入敌方纵深去执行反导任务呢?因此,这种高危任务应该让无人机去执行,而且要使用隐身无人机才有可能完成任务。

而美国就是在机载激光武器项目下马的同时,宣布确定下一步计划将新的300千瓦激光武器安装于新的高空无人机平台上。可见,新概念电子战无人机可以说万事俱备、只欠东风。

好莱坞电影《凌云壮志2》开头就演绎了资深战斗机飞行员阿汤哥面临被无人战斗机赶下岗时痛苦而挣扎的过程。从电影的反智主义

机载激光武器将转化到高空无人机平台

倾向来看，似乎编剧和导演都不认可这个趋势。当然，在可以预期的未来，无人机更多是担当"僚机"这个配角，随着未来智能化的实现，无人机将逐渐走向舞台中央——力担主角。飞行员也许永远不会被完全淘汰，但一旦无人机走向智能化，飞行员将不可避免地逐渐退居幕后。

正所谓，上岸第一剑，先斩意中人！

当前，未来战场向"无人化＋人工智能"发展的号角已经吹响，无人机正迎来发展的黄金时期，其与有人机同台竞技、争夺发展资源的情况已经不可避免。

有人机：蛋糕（军费）就那么点大，隐身、高机动、空天化、人工智能都要发展，大家都是兄弟，分两份，最多我大份，你小份？

无人机：小孩才做选择，我全都要！

雷达干扰无人机
——破解"杀伤链"的剪刀

在无人机发展的早期,最早应用的领域是作为靶机使用。1933 年,英国大量生产了世界第一批无人靶机"蜂后",美军在第二次世界大战时期大规模订购了 RP-1 系列无人靶机,二战后美海军的 KD2R(RP-19)系列靶机更是久负盛名,生产数量多达数万架。

那时候,无人靶机唯一的载荷就是无线电遥控设备,所以无人靶机也称为无线电飞机(Radio Plane)。而无人机真正得到应用并搭载任务载荷的则是在电子战领域。

昙花一现的"闪电虫"无人机

20 世纪 50 年代,美国陆军尝试将小型摄像机安装于战术无人机上,这款名为 SD-1 的侦察无人机因为当时使用的胶卷相机,无法实时提供情报,总体上算不上成功,到 20 世纪 60 年代就退役了。

真正开创性的是美国空军的 GAM-72(正式名称为 ADM-20)空射雷达诱饵无人机,该机安装了电子干扰载荷、箔条布撒器和红外诱饵等电子战载荷,用于掩护 B-52 轰炸机免遭地面火力毁伤。作为第一款安装电子战设备并真正服役的无人机,GAM-72 无人机因雷达目标识别技术的进步,在 20 世纪 70 年代就被淘汰了。

GAM-72 无人机及其宣传海报

此后，在越南战争中，美军在 BQM-34 "火蜂"系列无人靶机的基础上，发展了一种专门用于雷达信号情报侦察、雷达有源干扰和播撒箔条的无人机"闪电虫"（AQM-34V），这是无人机第一次被广泛应用于电子战领域。在整个越南战争期间，美军共有 1016 架"闪电虫"在中国、越北上空执行侦察任务，共飞行数千架次，取得了十分成功的战果。

BQM-34 "火蜂"无人靶机

电子战无人机：翱翔蓝天的孤勇者

"闪电虫"是第一款投入实战的电子战无人机，越南战争也成为第一场大规模使用无人机的战争。但是越战中共有544架"闪电虫"无人机坠毁，而其中的三分之一战损竟是由于无人机平台故障引起的。可见，当时无人机平台技术的稳定性是制约其作战使用的重大问题。

"闪电虫"无人侦察机

至1975年，美国空军所有侦察无人机全部退役，代之以U-2侦察机上阵。此后，无人机又卸下侦察电子战载荷，重新恢复了"火蜂"靶机的身份，并一直服役至今。

中东战场的"敢死队"

1973年10月的第四次中东战争中，由于埃及大量部署苏制"萨姆"系列防空导弹，导致初期开战数日，以色列空军飞机损耗占比就达到了惊人的60%，直到后面沙龙上校（后来的以色列总理）率领一支援甲部队穿插到苏伊士运河对岸,逐一清除埃及军队部署在周边的防空导弹阵地,以色列空军才夺取了制空权,从而扭转了局势。

经此一战,以色列深刻领教了现代防空系统的威力,吸取了教训,大量引进美军先进武器装备和技术。其中就包括向美国瑞安公司购买一批"火蜂"无人靶机、GAM-72空射诱饵无人机及其配套的电子战设备和技术。

以色列军工集团对这些装备技术如获至宝,集中进行了逆向工程研发,很快就复刻并开发了一系列无人机,包括具有雷达信号侦察能力的"侦察员"无人机和充当雷达诱饵的"猛犬"无人机,很快这些无人机就在1982年第五次中东战争的贝卡谷地之战中投入实战。

"侦察员"和"猛犬"无人机

这次行动中,无人机群充当了敢死队的角色,第一波次充当了雷达诱饵,引诱叙军"萨姆"-6防空导弹制导雷达开机,并瞄准无人机发射导弹抗击,使无人机截获了雷达信号参数和部署位置,并通过预警机分发,引导战斗机发射反辐射导弹对制导雷达实施攻击,再组织大批F-4、A-10攻击机进行临空轰炸。期间,无人机保持了对叙军阵地的侦察,并进行实时支援和评估空中打击效果。经此一战,叙军苦心经营10年、耗资20亿美元才建立起来的19个"萨姆"-6导弹连全部被摧毁。

光荣属于无人机,也属于电子战!

话说此战打响了以色列无人机的名号,从此以色列无人机开始向全世界出口,赚了个"盆满钵满"。20世纪80年代,美军甚至都开始进口以色列无人机,这下连美国资本家都眼红。

1991年海湾战争中,美军学习了以色列的作战经验,在战争初期使用BQM-74C"石鸡"无人机充当雷达诱饵,为F-4飞机攻击伊拉克导弹系统提供支援。美空军还使用ADM-141战术空射诱饵制造了空中佯动来欺骗伊军。

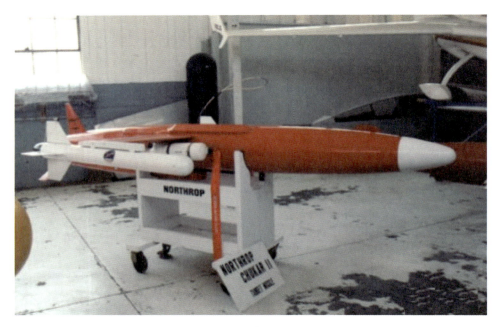

BQM-74C"石鸡"诱饵无人机

隐身幕后的角色

20世纪90年代,GPS卫星导航的成熟应用和卫星中继数据链的发展,使无人机摆脱了无线电遥控的束缚,即便在失去地面遥控的情况下仍能自主导航飞行。大中型长航时无人机在这一时期得到快速发展,典型代表是美军的MQ-1"捕食者"无人机,美军也于1995年组

建了第一支攻击无人机中队。

2001年以来,察打一体无人机在反恐战争中大放异彩,自带摄像头的无人机,在高速卫星数据链的加持下,录下一场场紧张又刺激的打击行动,使一贯神秘血腥的军事行动变成了现场直播的影视剧,令全世界吃瓜群众大开眼界,"捕食者"无人机迅速蹿升为反恐战争"网红",察打一体无人机也成了近二十年无人机的代言人。

而在贝卡谷地之战中声名远扬的"侦察员""猛犬"无人机,因只有在高强度对抗环境下才有用武之地,在近二十年几乎默默无闻,变得低调又沉寂。

1986年,美国与以色列合资成立"先锋"无人机公司,在"侦察员"和"猛犬"两种微型无人机使用经验的基础上研制了"先锋"无人机。其载荷包括电视摄像机、红外夜视仪、电子战设备、电子诱饵、激光目标指示器等。

"先锋"无人机

电子战无人机：翱翔蓝天的孤勇者

"先锋"无人机先后在波黑、海地、索马里以及海湾地区经历实战考验。

2000年前后，"先锋"无人机逐步退役，被同属美以合资的IAI公司生产的RQ-7"影子"无人机替代。过去20年中，"影子"无人机在伊拉克战争以及反恐战争中发挥了重要作用。

RQ-7"影子"无人机

美国陆军现役的上千架战术无人机，更多用于常规侦察，被称为"陆军之眼"，其隐藏的电子战功能因无使用对手一直没有被解锁。

2021年，美国陆军选定了新一代"未来战术无人机"JUMP20系统。该无人机可以垂直起降，并且可灵活搭载包括光电侦察、电子战载荷在内的各种任务设备。

新一代战术无人机JUMP 20具有垂直起降能力

插句题外话，同为北约国家的土耳其 2005 年利用美国和以色列提供的"影子"无人机相关技术，仿制出一款名为"贝拉克塔"战术无人机。该机经过改造后可以挂载 4 枚微型炸弹，并被正式命名为 TB2 无人机，2018 年后利用其低廉的价格大量出口叙利亚、波兰、乌克兰等国，TB2 无人机在近年的纳卡、俄乌冲突中表现相当出色，甚至能将对方 S300 防空导弹摧毁，以致有人惊呼"无人作战时代已经到来！"

源自 RQ-7"影子"无人机的 TB-2 无人机

过去 20 年，美国海军力主发展空天无人机，X-47B 偶尔惊艳全球。

空军则热衷于发展高空长航时无人机，RQ-4"全球鹰"无人机在 20 世纪 90 年代后占据世界无人机制高点。

直到 2010 年前后，小型空射诱饵干扰型以及后续的"小精灵"无人机亮相，才提醒人们雷达电子战无人机并未远离。

雷达干扰无人机的价值

无论是化身诱饵，还是实施主动有源压制干扰，雷达干扰无人机是电子战无人机领域作用场景最广泛，作战支援能力最强的手段。在有效破解敌方"杀伤链"时具有无可替代的作用。

理解雷达干扰无人机的价值，首先需要介绍一下美军"杀伤链"（Kill Chain）的概念以及攻击环节的六阶段模型，包括"发现－定位－跟踪－瞄准－打击－达成目标"这六个环节，该理论也可以用来反制此类攻击（即反杀伤链）。

从反杀伤链的角度看，电子战是破裂"链"所有关节最有效的手段。而电子战无人机（首先是雷达干扰无人机）则承担非常重要的角色。

发现——通常涉及远程预警，隐身技术毕竟是一种被动手段，通常还不够保险。雷达干扰无人机是一种通过欺骗、压制破坏发现关节的高效方式，运用起来要比专业干扰飞机更安全更灵活。

定位和跟踪——相比支援干扰飞机，无人机反定位和跟踪能力同样极为灵活。而无人机作为定位和指示目标手段的能力已经得到实战检验。

瞄准和打击——限于自身机动能力，无人机反制瞄准打击方面的能力有限，但是通过自我牺牲的方式，消耗对方防空资源，吸引防空火力的能力是得到证明的。而无人机通过有人－无人协同在提供目标指示支援火力打击上可以发挥极好的作用。

 成长篇

通信与导航对抗无人机
——割裂通信网的利刃

上篇说到，美军"影子"无人机和未来战术无人机 JUMP20 都可以搭载通信中继和信号情报（SIGINT）、GPS 干扰载荷，实现电子信号情报侦察和导航对抗功能。

事实上无人机通信和导航压制功能并不令人陌生，它的运用同样十分广泛。

"苍鹭"无人机的附加值

20 世纪 90 年代，与美国致力于发展"全球鹰"高端无人机不同，以色列于 1993 年研发了一款次高端大型高空无人机"苍鹭"和一款中高空长航时无人机"赫尔墨斯"450，有效载荷分别为 250 千克和 150 千克，两款无人机任务设备类型是完全相同的，都包括光电、电子信号情报侦察、电子干扰和合成孔径雷达等。

"赫尔墨斯"450 挂载 SkyFix 通信情报侦察测向和 SkyJam 电子干扰载荷，具备对 30~3000MHz 的手机移动蜂窝通信、超短波电台、卫星电话进行侦察、定位和干扰的能力。

对于此类中大型无人机来说，由于续航时间比较长，一次起降就可以在战场上空悬停几十个小时，这对于实施侦察和电子战都是非常有利的。

电子战无人机： 翱翔蓝天的孤勇者

以色列"苍鹭"无人机

"赫尔墨斯"450无人机

因此这两型无人机除了常规的侦察监视外，都可以挂载信号情报侦察设备，主要用于侦收敌方无线电通信信号。如"苍鹭"无人机配备的是Elta公司的EL/K-7071通信情报与测向系统和EL/L-8385电子支援系统，具备对通信及雷达信号侦察、定位的功能。

由于通信干扰通常需要比较大的功率，而无人机不具备搭载大功率设备的能力，所以通信干扰无人机实际作用距离只有几十千米，一般只用于战术通信压制。

微型无人机专属功能

作战需求牵引装备发展，各军事大国都研发了用于战术通信干扰的无人机。

美军RQ-11"渡鸦"无人机和俄军"索具-3"无人机都属于微小型无人机。其中RQ-11"渡鸦"无人机，质量仅为1.8千克，续航时间90分钟，主要战术用途是对手机、对讲机或其他无线电设备的信号进行干扰。

俄军"索具-3"无人机，由"海雕10"侦察无人机改造而来，主要用于压制移动蜂窝通信终端，有效干扰距离6千米，并具有定位辐射源能力。

RQ-11"渡鸦"无人机

电子战无人机：翱翔蓝天的孤勇者

"海雕10"侦察无人机

"索具-3"移动通信干扰无人机

成长篇

这些无人机都是依靠无线电直接遥控的,其使用距离通常在几十至 100 千米以内。其使用场景当然是执行一些支援分队战术作战的行动。

导航干扰无人机

由于军用设备对 GPS 定位设备的广泛而严重的依赖,近年导航干扰机也曾引起广泛关注。虽然这些干扰机体积小、质量轻,但得益于 GPS 卫星信号微弱,其实际影响距离可以达到数百千米,而且效果十分明显。

在伊拉克、叙利亚战场,就发生过俄制手持式 GPS 干扰机使美军巡航导弹打偏飞到隔壁伊朗造成误伤的情况。

GPS 干扰设备如此轻巧,似乎装到无人机上不是什么问题,利用无人机的长航时能力,临空持续压制,效果自然要比地面干扰要好得多。

但是事实恰恰相反,由于无人机本身正是严重依赖 GPS 卫星导航才能实现安全可控飞行,假如把干扰机背身上,那它自己首先就得自废武功。正因为如此,几乎没有任何一架中大型无人机将导航干扰设备作为自己的载荷,除非它自身不用 GPS 导航。

因此,对于无人机来说,要么阉割掉 GPS 自主导航功能,要么就只能放弃导航干扰设备。对于采用卫星中继链路实现远程巡航的无人机来说,缺少卫星导航是不现实的。因此,GPS 导航对抗设备通常安装于一些微小型无人机上,这些无人机采用视距数据链,和早期无人机一样,无须依靠卫星导航来遥控。

虽然 GPS 干扰无人机非常不起眼,但是几架 GPS 干扰无人机就足以干扰一座城市的 GPS 信号,使其中所有导航设备失灵,其威力实在不容小觑。

89

当然，美国苦心经营几十年的 GPS 导航系统并非不堪一击，在俄乌冲突中，俄军早期对乌克兰东部地区持续实施了 GPS 干扰并造成了一定影响，但美国通过调整卫星、加强信号等方式，很快就使该地区大部分导航设备恢复正常。

 成 长 篇

反辐射无人机
——雷达杀手

越战专打眼睛的"百舌鸟"

现代战争中,预警和防空雷达作用十分关键,被比喻为千里眼。然而矛与盾始终是二元对立的,自从雷达发明应用的那天开始,电子战就成为与其对抗的软手段。在越战后期突然出现一种令人吃惊的武器,仿佛长了眼睛一样,专挑雷达天线进行攻击,而且精度极高,一打一个准。

这就是美军新开发的第一代反雷达导弹"百舌鸟",在知道其主要利用雷达辐射信号进行追踪打击的原理后,人们很快就想出了反制方法,直接关机、快速转移,简单又有效,让导弹一下子失去目标。

在20世纪70年代,美国很快研发了新一代反辐射导弹"标准",其增加了惯导模式,具备了一定抗雷达关机能力。第二代反辐射导弹在1982年的第五次中东战争,以及1986年美军空袭利比亚行动中经历了实战检验。

"百舌鸟"反辐射导弹

"标准"反辐射导弹

成长篇

到了20世纪80年代，美军采购了第三代反辐射导弹AGM-88"哈姆"系列，截至目前已经更新发展了7代。第7代"先进反辐射导弹"采用了GPS/INS捷联惯导和末段红外制导技术，具有隐身能力，攻击精度更高、方式更加灵活。"哈姆"反辐射导弹成为海湾战争以来几乎所有军事冲突中的踹门先锋武器。

AGM-88"哈姆"反辐射导弹和最新的"先进反辐射导弹"

便宜量又足的"哈比"无人机

反辐射导弹确实是一款让所有对手闻风丧胆的先进武器，但同时也是一个割肉机，采用先进技术的代价都是十分昂贵的。

第一代反辐射导弹"百舌鸟"的单枚造价在当时就高达26500美元，而第二代"标准"的身价更是涨了6倍多，单价达到了164000美元，第三代反辐射导弹AGM-88"哈姆"更是水涨船高，单枚造价更是高达令人咋舌的288000美元！这还仅仅是造价，对于出口武器，按照惯例，刀口舔血的美国军火商还得加上不少于150%的"车船税"哩！

什么？坚如磐石的盟友国家不是该打半折吗？

美国国家（资本家）的利益高于一切！谈感情也要钱！

93

电子战无人机： 翱翔蓝天的孤勇者

这反辐射导弹高昂的造价对美军这个大腕当然算不上什么，但对于以色列这种长年处于干仗状态的国家来说，真是直呼伤不起！

20世纪90年代，长期与美国分享合作无人机技术的以色列，将"百舌鸟""标准""哈姆"反辐射导弹和低成本无人机结合，研制出来一道拿手好菜——"哈比"反辐射无人机。"哈比"反辐射无人机采用箱式发射，速度最高185千米/时，航程500千米。虽然相比"哈姆"反辐射导弹马赫数达2~3的速度，"哈比"无人机只能称为龟速，但是它有很多突出优点：一是抗关机功能，一旦攻击过程中雷达关机，无人机可以拉起平飞。二是长航时，"哈比"无人机航时长达5个小时，可以慢慢悠悠在目标区上空巡航，一旦发现目标就实施攻击。三是价格。由于无人机价格要低廉得多，可以多架无人机连续实施蜂群作战，或者分散游猎，使对方雷达要么被压制不敢开机，要么就是冒着随时被摧毁的危险开机，这无疑给雷达操作人员带来极大的心理压力。

第一代"哈比"反辐射无人机和它的核心导引头

可以说电子干扰是通过布设电磁迷雾让对手视而不见；反辐射导弹攻击是实施挖眼攻击让对手无目可视；而反辐射无人机则是通过威慑让对手不敢直视。

1997年,"哈比"反辐射无人机在巴黎航展首次公开亮相,相比反辐射导弹作战性能要高得多,很快引起高度关注,并赢得了大量的国际订单,甚至连美军都曾考虑引进。

在2020年的纳卡冲突中,阿塞拜疆使用引进的以色列"哈洛普"("哈比"2)无人机,击毁了亚美尼亚军队的S300远程防空导弹,更是让反辐射无人机威名远播。

第二代"哈比"反辐射无人机增加了光电导引头

反辐射无人机的进化

"哈比"反辐射无人机打开了电磁摧毁的先河。但其本身存在一些致命弱点,限制了其作战能力,这也是反辐射无人机下一步升级进化的方向。

● 高空高速

目前,反辐射无人机平台速度太慢、飞行高度太低,只要被提前发现,直瞄火炮、近程防空导弹(比如"毒刺")都能把它打下来,如果用战斗机去拦截,简直是老虎吃豆芽——小菜一碟。

为了安全,反辐射无人机只能让自己飞得更高,跑得更快。唯一的办法就是换上更高级的发动机,重新设计更高端的无人机平台。

● 复合制导

反辐射无人机的无源导引技术固然先进，但敌方雷达一关机就成了无头苍蝇。通常一收到预警，雷达就关机撤收，玩起了躲猫猫游戏。那些撤不掉的，就装上各种诱饵，无人机一窝蜂扑过来，雷达、诱饵一个没打中的情况并不少见，不行就再来一波压制，硝烟散去，目标还在，是不是打得怀疑人生？

为了打中目标，必须给无人机提高一个段位，红外、电视、激光导引头，GPS/INS 捷联惯导，还有毫米波雷达，通通都给它配上。当最后拿出报价单，军方采购员的脸则默默转向了隔壁的"哈姆"反辐射导弹。惊不惊喜，意不意外？

● 电磁迷雾清扫机

反辐射无人机为打对方"眼睛"而生，人称"雷达杀手"，但战场上电子辐射源远不止雷达，最好还能把对方的"耳朵"也给打聋了。因此应扩展超短波频段，使其能够摧毁通信枢纽。如果能够把敌人的通信网络瘫痪，相当于把对手打回中世纪，代差优势将瞬间拉满。

更加重要的一项任务，就是打电子战干扰源，这就叫以子之矛攻子之盾。据媒体报道，目前美军"先进反辐射导弹"已经具备攻击 GPS 干扰机，以及雷达、通信干扰机的能力。

反辐射武器攻击电子干扰机

如此看来，反辐射无人机作为电子战家族的新生儿，闯荡一圈，最具有挑战性的任务竟然刀口向内，也许"电磁迷雾清扫机"才是其

最高追求和最终归宿。

那反辐射无人机究竟要不要持续发展得更强呢？从美国人在20世纪90年代最终放弃采购"哈比"无人机来看，答案似乎是否定的。但当看到2020年纳卡冲突中阿塞拜疆和亚美尼亚这样两个低段位对手打架，双方都拿不出像样的制空飞机打一场像样的空战的时候，便宜量又足的"哈比"无人机就派上了大用场，并获得了扬名立万的机会。

所以说，对于便宜又好用的东西，有些人就是嘴上说不要，身体却很诚实。

机理篇

电子战无人机： 翱翔蓝天的孤勇者

执行电磁侦察、电磁攻击的无人机，为了能够发挥其电磁作战优势，满足不同作战场景对其能力的需求，既需要符合任务需求平台的要求，也要配备稳定可靠的无人机数据链，还要有专门设计的电子战载荷。

机理篇

无人机"三大件"

和电动汽车一样,无人机是信息化时代的产物,其核心能力主要是靠所谓的"三大件":发动机、数据链、电子战载荷。

无人机发动机通常和机体一体化设计,如采用电机的无人机一般匹配多旋翼的微小型机体;采用活塞发动机的无人机多配套大展弦比、双垂尾的中小型机体;采用喷气式发动机的无人机根据其飞行速度,机体的设计有大展弦比、无垂尾等类型。

无人机数据链早期为无线电遥控,现代无人机发展出遥控遥测数据链、机载任务数据链,二者通常使用独立链路,也有的能够合二为一。高端无人机数据链非常复杂,有的是视距链路,可经过专用无人机平台中继,还有的可以接入军用通信卫星、商用海事卫星等通信系统。

无人机的电子战载荷也十分多样,一类是电子信号侦察设备,包括通信情报信号和雷达信号情报;另一类是雷达电子干扰设备,既有使用透镜反射雷达信号的无源载荷,也有专用于放大转发雷达信号来充当诱饵的有源诱饵,更加通用的是采用数字化设备的干扰吊舱,以实现不同功率要求的干扰。无人机电子战载荷集成度高,有的需要预先设置,以自主实施干扰,有的则可以由地面实施操作。

无人机平台和发动机

电机

电机是微小型无人机常用的动力系统，和新能源电动车一样，电机有很多优势，比如它的结构很简单，只需电池加电机就是一套完整的动力系统。

电机动力系统的原理和结构

由于动力系统制造门槛比较低，过去 10 年我国一下子涌现出数千家"无人机"制造商,实际上除了深圳大疆、广州亿航等少数企业,大部分企业制造的所谓无人机,只能称为玩具,仅适用于周末露营、拍婚纱照,不具有军用价值。

此外,电机还具有体积小的优势,可以做成拇指头一般大小,质量很轻,因此微小型无人机普遍采用电机作为系统动力。

电机的缺点是电池存储电量有限,持久力不足,导致微小型无人机的续航能力通常按分钟计算。特别是对于中大型无人机来说,功率需求和体积质量的矛盾就比较突出。对于微小型无人机来说,为获得更大功率,通常需要使用多个电机来并联推动,这就是为何微型无人机通常采用多旋翼设计。

美军多旋翼战术无人机

微小型无人机的技术含量不高,制造门槛比较低,制约其使用场景的主要原因是负载能力弱、续航能力差,而解决问题的根本是发展新的电池储能技术,能否研发出质量轻、储电能力强的新型电池成为微型无人机领域最大的技术挑战。随着新的电池储能技术的发展,新能源汽车和无人机正在不断取得突破,未来的前景将十分光明。

电子战无人机： 翱翔蓝天的孤勇者

亿航 216 载人飞机采用纯电动力，航程 35 千米，航速 130 千米/时

在电子战领域，微型无人机应用场景越来越广泛，如布撒式干扰无人机和蜂群电子战无人机。

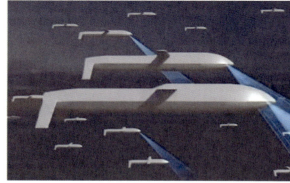

微型无人机蜂群

活塞发动机

中小型无人机也通常使用小型航空活塞发动机，其基本原理是利用汽油与空气混合，在密闭的容器（气缸）内燃烧，膨胀做功，从而带动螺旋桨，由螺旋桨产生推（拉）力。常用的无人机活塞发动机有2冲程、4冲程，通常是多缸并列结构。

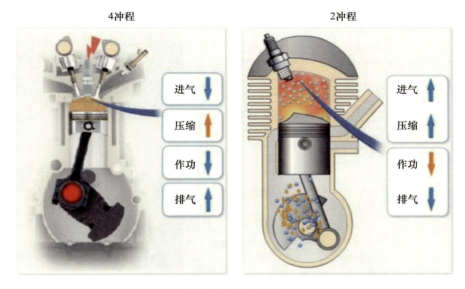

活塞发动机原理

航空活塞发动机在无人机领域运用非常广泛，从小型到中大型都有，比较著名的几家发动机公司和产品有英国UEL的AR-371转子发动机、德国Limbach L275系列2冲程发动机、奥地利ROTAX914发动机等。

英国UEL公司的AR-731单转子汪克尔型发动机是一款非常经典的小型发动机，它质量为9.9千克，功率28千瓦，在最大功率模式下，每小时油耗仅257克，广泛用于以色列"哈比"无人机、"赫尔墨斯"450与"影子"200无人机上。

英国 UEL 公司的 AR-731 转子发动机

德国 Limbach L275 系列发动机也是小型无人机常用的 2 冲程活塞发动机，它的功率 18 千瓦，质量为 7 千克，仅需使用 92 号无铅汽油作为燃料，因此在世界各国航模爱好者中深受欢迎，使用非常广泛。

德国 Limbach L275 系列 2 冲程活塞发动机

在俄乌冲突中大出风头的伊朗"见证者"-136 攻击无人机，使用的是仿制自德国 Limbach L550E 的 2 冲程活塞发动机，功率约为 37 千瓦，该发动机此前主要应用在小型民用摩托车上，运行时一直发出响彻大街的"突突突"声音，因此"见证者"-136 无人机得名"空中小摩托"。

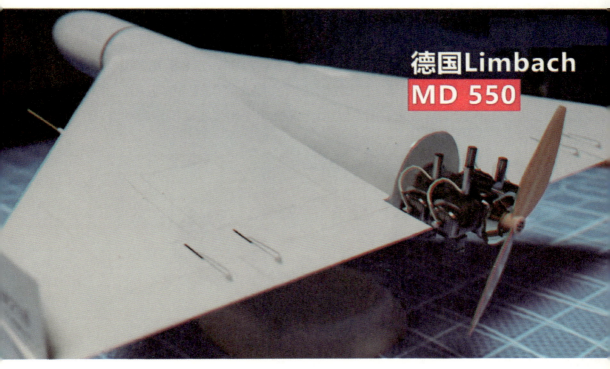

"见证者"-136无人机使用名为 Limbach MD550 的仿制 Limbach L550E 发动机

Limbach L550E 发动机是一款用于民用摩托车的2冲程活塞发动机

中大型无人机通常使用功率更大的 4 冲程高转速发动机，比较著名的是奥地利 ROTAX 公司的 914 系列发动机，采用水平 4 冲程 4 缸对置布局，单涡轮增压技术，总质量 75.5 千克，功率 73.8 千瓦，设计使用海拔高度不高于 8000 米。美国的 RQ-1 "捕食者"、以色列 "苍鹭" 无人机、土耳其 TB2 无人机等中大型无人机均使用该发动机作为动力。

奥地利 ROTAX914 发动机

小型航空活塞发动机的优点是体积小、质量轻，续航能力强，中小型无人机续航能力通常能维持 10 小时左右。

活塞发动机的缺点也很明显，首先随着功率需求增加，必须增加机体的缸数，导致整体质量不断增大，功重比下降，不适合安装于大型无人机平台。

其次，使用活塞发动机的无人机飞行高度低，中型活塞发动机的工作海拔高度不高于 8000 米，而大部分采用小型活塞发动机的无人机飞行于 5000 米以下，导致其处于地面近程防空火力的攻击范围。

最后，使用活塞发动机的无人机飞行速度非常慢，通常只有 100~200 千米/时，长航时对于侦察和电子战具有很好的优势，但过低的速度导致无人机机动性差，容易使无人机面临安全威胁，并且限制了与有人机的协同效率。

燃气涡轮发动机

燃气涡轮发动机是目前应用最广泛的航空发动机，是 20 世纪 50 年代以来主要的航空动力形式，也是部分高端的大型无人机的动力系统。

航空燃气涡轮发动机主要由进气道、压气机、燃烧室、涡轮、喷管等部分构成。空气由进气道进入燃气轮机后，首先由压气机加压，然后进入燃烧室进行燃烧，再进入涡轮段推动涡轮，转换成机械能输出，部分机械能经由传动系统驱动螺旋桨。

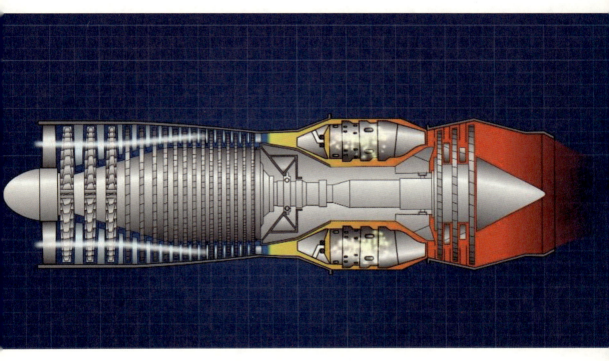

燃气涡轮喷气发动机的内部结构

燃气涡轮发动机分为涡轮喷气发动机、涡轮风扇发动机、涡轮螺桨发动机、涡轮轴发动机等类型。

能效最好的是涡轮螺桨发动机，其飞行高度范围大，安全性好，成本低。与活塞发动机相比，涡轮螺桨发动机功率大、功重比大、稳定性好、噪声小、使用寿命长；与涡轮喷气发动机、涡轮风扇发动机相比，涡轮螺桨发动机在时速 750 千米/时以下的中低速时效率更高，油耗更低。

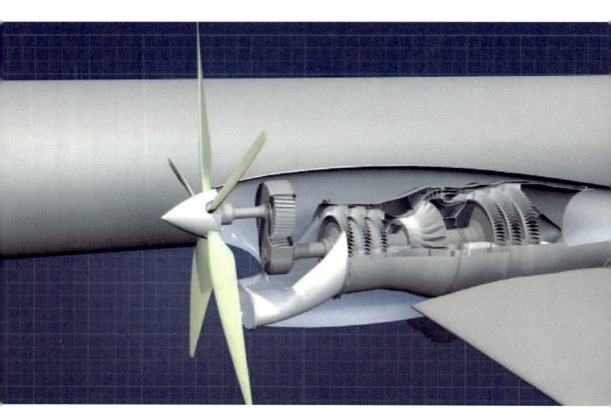

涡轮螺桨发动机

比较著名的涡轮螺桨发动机是普惠加拿大公司的 PT6 系列，该系列发动机自 1959 年生产，至今已生产 5 万多台，成为行业翘楚，被广泛安装于 140 多种小型航空器上，早期型号质量约 112 千克，功率约为 370 千瓦，每小时平均油耗仅 0.3 千克，性能十分稳定。

无人机领域，美军 MQ-9 无人机就是使用普惠加拿大公司的 PT6E 系列涡桨发动机，最大速度 460 千米/时，续航时间 15 小时，巡航高度可达 9000~15000 米。

机理篇

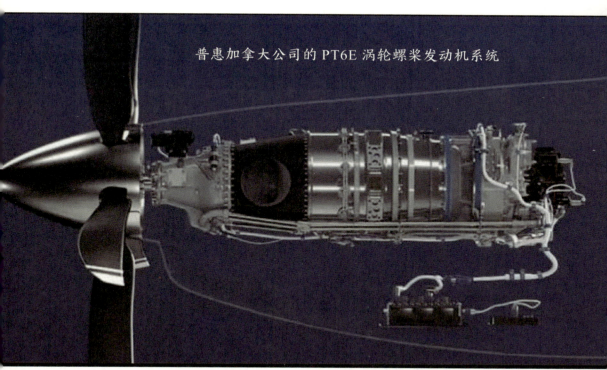
普惠加拿大公司的PT6E涡轮螺桨发动机系统

MQ-9无人机的尾部

电子战无人机：翱翔蓝天的孤勇者

另外一种常用于高空长航时无人机的是大涵道比涡轮风扇动力系统。它的特点是能效高、噪声小、稳定性好，速度比涡轮螺桨发动机快。大涵道比涡扇发动机的不足是超声速飞行时效能严重下降，不如小涵道涡扇发动机，因此，其最适合用在亚声速飞行的无人机上。

大涵道比涡轮风扇发动机结构

美军"全球鹰"无人机采用的就是英国罗·罗公司的 AE-3007H 商用大涵道比涡扇发动机，它的质量为 300 千克，输出功率 31.4 千瓦，具有极高的燃油效率。

英国罗·罗公司的 AE-3007H 涡扇发动机

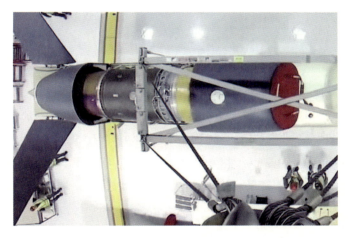

"全球鹰"无人机上安装的发动机（俯视图）

大涵道比涡扇发动机在亚声速飞行时耗油率低、噪声小、推力大，性能稳定，飞行高度可以达到20000米。因此"全球鹰"无人机得以在18000米高空以600余千米/时的速度，维持30~40小时飞行的惊人续航能力。

大涵道比涡扇发动机在超声速飞行时效率会显著下降，需要超声速机动能力的无人机通常采用小涵道比涡扇发动机，这也是大部分需要高机动性的战斗机采用的动力系统。

小涵道比涡扇发动机的优点是推重比大、体积小，能实现马赫数 2~3 的超声速飞行。缺点是噪声大、油耗高，持续工作时间比大涵道比涡扇发动机短、超高空飞行性能差。

小涵道比涡扇发动机模型

目前世界上性能最先进的小涵道比涡扇发动机是美国普惠公司为 F-35 隐身战斗机研发的 F135-PW-100 双转子小涵道比加力涡扇发动机，其最大推力 191.27 千牛，推重比达到 7.47~11.47，总质量 1701 千克，超声速性能为马赫数 1.6。

F135-PW-100 涡扇发动机

从媒体公布的美军 RQ-180 隐身高空无人机飞行尾迹来看，其很可能就安装了一台小涵道比涡扇发动机，使其具备了高空超声速巡航能力。

RQ-180隐身高空无人机具备超声速飞行能力

冲压发动机

冲压发动机又称冲压喷气发动机，是一种利用迎面气流进入发动机后减速，使空气提高静压的空气喷气发动机。

冲压发动机结构比较简单，通常由进气道（又称扩压器）、燃烧室、推进喷管三部分组成。

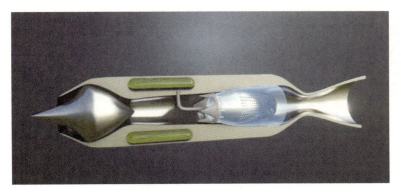

冲压发动机的结构

由于冲压发动机结构简单，因此其质量轻、体积小，成本相应较低，但推重比却很大，在超声速性能方面的优势非常明显。按应用范围划分可以分为亚声速冲压发动机、超声速冲压发动机、高超声速冲压发动机三类。

亚声速冲压发动机以航空煤油为燃料，马赫数0.5时启动，并保持亚声速飞行。亚声速冲压发动机与各类燃气涡轮发动机相比，效率较低，但可以利用其结构简单、成本低的优点，作为一次性无人靶机的动力系统。

超声速冲压发动机又称为亚声速燃烧冲压发动机，空气进入发动机入口被减速增压，在进入燃烧室时变成亚声速气流，在燃烧室内使用航空煤油或烃类燃料注入亚声速气流中进行点火燃烧，推进速度可以达到6倍声速。超声速冲压发动机同样需要在亚声速条件下启动，因此需要其他发动机作为助推器，或者采取机载平台空射获得初速度，亚声速燃烧冲压发动机需要以马赫数3以上的速度飞行才处于正常运行状态。

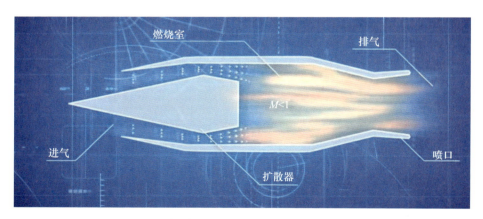

亚声速燃烧冲压发动机原理
（燃烧室里的气流小于1马赫）

当速度达到马赫数6以上时，亚声速燃烧冲压发动机出现温度过热效应，导致效率急速下降。为获得更高的速度，需要采用高超声速冲压发动机。

高超声速冲压发动机也叫超声速燃烧冲压式发动机（简称超燃冲压发动机），与亚声速燃烧冲压发动机的区别是进入燃烧室内的气流达到了超声速，并且需要改用碳氢或者液氢等更易燃、热比重更大的燃料。当燃烧室气流达到超声速的条件时，发动机才能正常工作，其技术难点是在超声速气流中实现有效点火。高超声速冲压发动机使用液氢作为燃料时飞行速度最高可达马赫数25。

亚燃/超燃双模态冲压发动机

为解决超燃冲压发动机达到启动初速的难题，工程师们设计了一种可以在亚燃和超燃冲压两种模式工作的亚燃/超燃双模态冲压发动机，安装在高超声速无人机上。先利用火箭或者涡轮喷气发动机将无人机推到马赫数2~3，然后启动冲压发动机实现亚声速燃烧模式，推动无人机在马赫数3~5下飞行，当无人机飞行马赫数到达5~6时，启动超声速燃烧模式，推动无人机以马赫数6以上的高超声速飞行。

目前，采用高超声速冲压发动机的无人飞行器是美国的X-51A乘波者，它采用亚燃/超燃组合冲压发动机，先由B-52轰炸机带到高空发射，在亚声速条件下启动亚燃冲压发动机，推动飞行器速度达到马赫数 5 后丢弃亚燃冲压发动机，然后启动超燃冲压发动机，目前已经实现了马赫数 5.1 的速度。

亚燃动力状态

超燃动力状态

总之冲压发动机还在发展中，其在高超声速无人机领域具有十分广阔的应用前景。

火箭发动机

火箭发动机就是利用冲量原理，自带推进剂、不依赖外界空气的喷气发动机。火箭发动机是喷气发动机的一种，可用于航天器推进，也可用于推进导弹等在大气层内飞行。

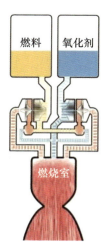
火箭发动机的基本原理结构

火箭发动机的优点是推力很大，如美国 SpaceX 公司的"猎鹰 9 号"，起飞推力 680 吨左右，而且推重比通常大于 100，能够实现很大运载能力。

各种类型火箭的透视图

与其他动力系统相比，火箭发动机能在大气层外工作，因此是空天无人机主要的动力选择。

火箭发动机的缺点是燃烧时间短、回收使用难度大、造价昂贵、保存维护困难、发射回收需要专门的大型保障场所等。

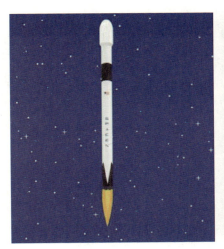 

"猎鹰 9 号"火箭造价高达 6200 万美元

美国 Space X 公司的"猎鹰9号"火箭造价高达6200万美元，即便实现一、二级火箭回收，仍然是一种成本相当昂贵的动力系统。

"猎鹰9号"火箭已经实现了助推火箭和一级火箭的回收

"猎鹰9号"运载火箭采用的火箭发动机

空天无人机的典型是美国的 X-37B 空天无人机，该无人机使用火箭发射，可以在太空长期执行任务，并可自主降落。空天无人机可能是未来空天信息作战的重要武器平台。

SpaceX"猎鹰9号"发射 X-37B 空天无人机

X-37B 空天无人机完成任务后自主返航

电子战无人机：翱翔蓝天的孤勇者

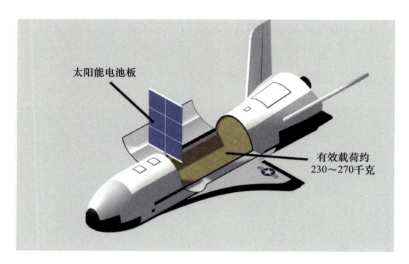

X-37B 空天无人机的 3D 结构

至此，可进行简单总结，将无人机的动力系统特点归纳如下。

类型	优点	不足
电机	小、轻、安静	续航短、极慢
活塞发动机	稳定、耐用	很慢、海拔低
涡桨喷气	省油、力气大	飞不快
大涵道比涡扇	省油、稳定	只比涡桨快一点
小涵道比涡扇	超声速	费油、噪声大
亚燃冲压发动机	3~6 倍声速、推力大	费油、飞不久
超燃冲压发动机	大于 6 倍声速、推力大	费油、不稳定
火箭发动机	推力大、能上天	一次性、贵

机理篇

数据链

　　无人机的数据链系统,主要是利用视距通信、军事卫星通信和海事卫星通信等多种通信手段建立的数据链路系统,以实现远程遥控遥测和高效的数据传输。

无线电遥控

　　早期的无人机,被称为无线电遥控飞机(Radio Plane),主要作为靶机使用,无人机只需接收和处理无线电遥控的指令。由于遥控指令通常比较简单,仅用于遥控无人机爬升、下降、转弯等动作,因此与一般的遥控航模一样,还没有"链"的概念。

　　第二次世界大战后,无人机开始安装照相机用于侦察,并被尝试作为雷达诱饵使用,这时由于涉及胶卷回收,促使无人机载荷能力进一步增加,如增加高度表、无线电测距等设备。正是由于军事上开始有将侦察情报实时回传的需求,才促进了无人机数据链的发展。

　　到20世纪60年代越南战争期间,美军使用了一款名为"闪电虫"(AQM-34V型),可用于雷达信号情报侦察和照相侦察的无人机。由于数据链还不成熟,当时主要采取磁盘记录数据、回收后再卸载分析的方法。然而,由于无人机侦察中经常被击落,时常导致颗粒无收的结果。为此,研发无人机数据链,实现数据实时回传的需求就越来越迫切了。

123

电子战无人机：翱翔蓝天的孤勇者

20世纪七八十年代的几场中东战争中，以色列大量引进了美国无人机，并研究开发了各种中小型无人机，其中"侦察员""猛犬"无人机就采用了比较完整的无线电通信系统，实现了将侦察数据实时回传到地面。现代无人机的雏形随着数据链的发展逐渐完备。

遥控与遥测

20世纪90年代，世界掀起了一场信息革命，无人机领域也搭上了信息化的快车，进入了高速发展的轨道。美国、以色列新研发的中大型无人机均采用了数据链技术，逐步设计形成一套比较复杂的数据链系统。

为理解无人机的数据链构成，首先分析一下无人机需要通过无线电上下传输的指令和数据信息都有哪些。

上行对飞机操控指令（遥控）：主要包括对飞机加速、减速、爬升、下降、左右转弯等指令，还包括无人机接收到以上指令后反馈对这些指令的执行情况。

下行各种飞行参数（遥测）：包括飞机姿态、位置、高度、速度，以及飞机航电设备、动力系统（包括发动机转速、缸温、油量等）、任务载荷系统等的工作状态。

上行对载荷设备的操控指令：对任务设备的开关，实施电子、光电侦察和电磁攻击任务操作等相关指令。

下行载荷设备的任务数据：包括电子侦察设备侦获的电子信号数据、光电照相/摄像设备侦获的照片和视频信息流。

分析上面4类无人机指令和信息，可以发现下面特点：

从重要性看，遥控遥测数据优先等级更高，操控指令和飞参数据事关无人机飞行安全，其优先等级要高于任务载荷的相关指令和数据。

从流量大小看，上行和下行数据量分布极不均衡，下行数据量要远大于上行操控指令，其中任务数据下行量最大，需要占用最大的信道带宽。

可以看到，为满足无人机飞行与任务需求，需要设计一套安全、稳定、顺畅的链路系统，让所有的指令和数据能够有条不紊、互不干扰地传输。

可见，现代无人机数据链是一个多模式智能通信系统。

罗马大道

古罗马帝国是依靠战争建立起来的，战争最重要的是兵力调动、信息传递和后勤保障。为此，罗马人修筑了完善的公路系统，这些公路采用了统一的标准，总宽度达到 40 米，主行道为 2.45 米双向马车道，两边设人行道，并设置了排水和护路沟渠。罗马帝国顶峰时期，罗马人修筑了超过 12 万千米的公路系统，并且立法规定马车载重要求和交通规则，"条条大道通罗马""有罗马人的地方就有罗马大道"已成为谚语，可见罗马大道俨然是罗马文明的基石。

覆盖古罗马全境的主干公路网示意图

电子战无人机：翱翔蓝天的孤勇者

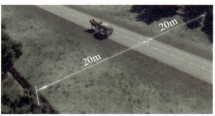

罗马大道的修建效果图

罗马大道就是现代高速公路的雏形。

无人机数据链的设计与罗马大道有异曲同工之妙，首先通过硬件（包括收发设备、处理设备和网络结构）和软件（包括通信协议、工作频率、编码调制特性），在无人机与地面站之间建立一条稳定畅通的"链路"。然后，将无人机需要传递的所有指令和数据信息通过编码，变成统一的格式，实现"书同文、车同辙"，再通过"链路"进行传送。

道理看似简单，实际情况要复杂得多。

第一，上行和下行通道都必须采用单行道，否则就不能实现两边同步传输，在软件（电磁信号）领域，只需采取不同的信号频段的方法进行区分就可以了；但在硬件方面就要采取发射和接收两套独立的系统，意味着上行通道需要"地面发射－空中接收"一套设备，下行又需要一套"空中发射－地面接收"设备。

第二，考虑电磁频谱可能存在各种干扰的情况，为了增加稳定性、可靠性，每个通道都要预置多个工作频点作为预选，每个通道就在这些频点中随机转换。

换句话说，单一个上行通道需要准备十多个（甚至几十个）工作频点，工作时随机使用其中一个，并且根据情况自动或者人工切换。下行通道同样如此，这样一条完整的链路在频谱上实际上就是一个频带，而不是一个点。

第三，还有带宽问题，罗马大道横向跨度 40 米，实际铺装路面宽度只有 2.45 米，刚好满足 2 架马车对向行驶，道路宽度（链路带宽）

才是解决通道流通量大小的关键。单枪匹马的信使，只需要走国道乡道即可，但像携带军需辎重的大部队，就必须走罗马大道这样的高速路才能避免贻误军机。

在无人机数据链方面，遥控遥测链路通常数据率不大，只需要窄带通信链路就可满足要求，但像需实时传输高清摄像、图片和电子信号的任务数据下行通道，由于极高的码率，必须要求建立较宽的带宽才能满足通过10兆比特/秒以上的数据率。而宽带宽的通信链路，其工作频率通常处于X、Ku波段这种较高的频段。因此，在中东地区执行任务的"全球鹰"无人机要将机上的雷达成像、光电摄像和电子信号情报数据实时传回远在美国的地面站，它就必须要通过传输速率为50兆比特/秒的Ku波段卫星通信系统来进行中继，这个卫星的1米超大通信天线就藏在无人机圆乎乎的脑袋顶部里。

第四，结合无人机的使用场景，当需要实现远距离飞行时，就需要使用中继接力通信，不管是使用无人机中继，还是卫星中继，每一个中继点都是一个"接收－转换－放大－发射"的中转站。为了保证链路的畅通，它的通道又必须运行在一套独立的频带上。俗话说"多只香炉多只鬼"，当无人机需要中继时，链路的复杂性和不稳定性进一步增加了。

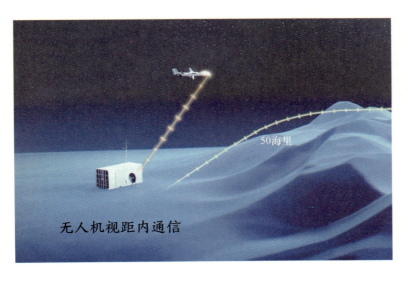

无人机视距内通信

电子战无人机：翱翔蓝天的孤勇者

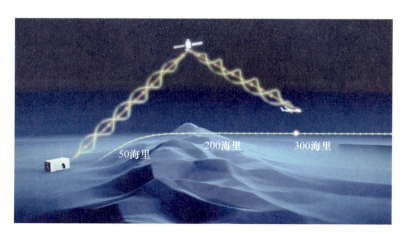

无人机卫星中继通信

我们来看看现代高端无人机的代表 RQ-4 "全球鹰"无人机，它身上一共有 6 套通信系统之多，包括 2 路视距通信链路，3 路卫星通信链路，还有 1 路空中交通管制无线通信。这导致无人机里塞满了各种通信、数据链设备，身上更是插满（埋藏）各种通信天线，总质量 11 吨，实际载荷仅剩下 900 千克，连 10% 占比都不到。

第五，以上说的只是一架无人机，当多架或者几百几千架无人机同时出现的时候，那才是真正的灾难，用专业术语来说就是"复杂巨系统"，需要运用系统论来解决，而恰恰无人机集群作战才是它的精髓！

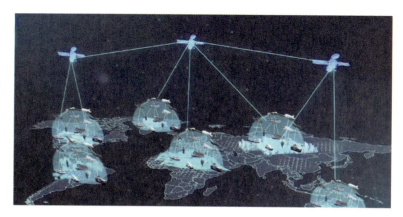

多无人机协同作战

机理篇

目前，组建稳定、灵活、自适应的数据链网络，是实现无人机集群作战最具有挑战性的技术难题之一。现代数字通信技术的码分多址、频分多址等技术是比较好的解决方案，但和现实需求相比，所有的技术方案还不够完美。

而链路问题正是无人机的咽喉。

电磁脆弱性

现代通信技术为无人机通信数据链提供了解决方案，多模式智能通信系统目前已经能够基本保障多无人机的安全可靠飞行。但是面对未来复杂电磁环境，无人机数据链还不够可靠，特别是多用户集群使用场景下造成的电磁兼容，还有电子战环境下面临的挑战问题十分突出。

好莱坞电影《黑客帝国》中讲述了人类过度依赖人工智能，到最后人工智能反客为主，人类被人工智能所控制的故事。美军已经认识到由于自己所有军事行动严重依赖网络电子信息系统，这些网络电子信息系统无一例外地活动在开放电磁空间，这就造成其别无选择，只能受电磁空间所控制。

无人机领域也是如此。无人机的数据链，不管是视距遥控、中继接力还是卫星通信，链路都构筑在开放的电磁空间。可以说，无人机可以飞出导弹的威胁范围，却始终逃不出电磁空间的"五指山"。

电磁频谱本身是有限的，而无人机数据链占用频谱资源过多，进一步加剧了用频资源紧张。此外，电磁空间是没有主权的，不是谁的私人领地。正因为如此，无人机测控指令和传感信息的收发传输，基本没有隐私可言，都是在电磁空间这个公共领域"裸奔"。

为了解决私密性问题，无人机对数据链进行了编码和调制，并不断利用扩大频点工作的方式，类似打一枪换一个地方，避免了电磁环境的不确定性影响链路的稳定，但这也只是解决了部分问题。因为，

电子战无人机： 翱翔蓝天的孤勇者

在同样灵巧的电子信号情报设备眼里，这些做法只是"换个马甲"，根本逃不脱侦察设备的"火眼金睛"。

解决的思路或许就剩下摆脱链路的"控制"，实现无人机的智能自主化。这就成了武侠小说中练习剑法的最高境界，手中无剑。

目前，即便采用自主飞行，面对对方电子战的干扰环境，无人机飞行安全仍然面临很多问题。因为自主飞行本身仍然依赖很多电子设备，而这些电子设备又不可能完全静默。

 机理篇

电子战载荷

核心技术

电子战无人机的核心科技，就是其用于执行电子战任务的各种设备。这些设备往往是无人机上技术含量最高、价格最昂贵的部分，而电子战设备一直是被各国列入高度保密的领域。

过去二十年来，伊朗曾经获取过包括RQ-170"哨兵"无人机在内的多架美国无人机，并通过逆向工程复制出外形上高度相似的无人机平台，但可以确定的是伊朗始终无法复制和制造无人机上的电子设备，尤其是电子战设备，因为这不是逆向工程可以做到的。

多年来，美国可以向各个盟国出口各种无人机和尖端科技，但始终将关键电子战设备和相关技术列入禁止出口清单。不过，在无人机电子战设备领域，以色列是一个例外。以色列在20世纪60年代以来，获得了空射诱饵、反辐射导弹和机载大功率支援干扰系统等先进电子战设备。这些设备和技术是以色列发展"侦察员""猛犬"无人机的基础，也是20世纪90年代"苍鹭""哈比"等无人机得以问世的保证。

俄乌冲突中，俄军的多架无人机被乌军击落，经过解剖发现，俄军无人机所使用的电子元器件十分简陋，甚至很多都是民用器件。不禁令人叹息，传统军事大国俄罗斯的电子信息产业落后如斯，与西方相比，其武器装备已经面临代差困境。没有高端的信息产业，根本造

电子战无人机：翱翔蓝天的孤勇者

不出适用于无人机的高集成度电子战设备。

无人机电子战载荷，并不是将电子战装备简单地从地面搬到空中平台。从大型无人机到微型无人机，各种平台载荷能力差异巨大，不同的载重、体积、结构和电源供应，对电子战载荷功能指标设计提出严苛的要求。

在电子战设备制造这个高端领域，是时候展现真正的技术了。

螺蛳壳里做道场

当今的无人机平台，大部分的负载能力被分配到飞行、通信保障等必备要素中，留给任务载荷的空间是十分有限的。即使是像RQ-4"全球鹰"这样的巨无霸无人机，飞机总质量11吨，但其任务载荷仅为900千克，不到十分之一。而且900千克的载荷能力中，还要考虑合成孔径雷达、光电侦察设备的需求，真正留给电子战设备的空间十分紧张。

像小型空射诱饵这样的平台中，任务载荷的体积、质量要求就更加苛刻。与此同时，作战任务对无人机电子战能力的需求往往又提出很高的要求。

小型空射诱饵的载荷模型

可见，电子战任务载荷工程设计必须满足微型化与高性能的双重要求。但对于工程人员来说，二者是矛盾和对立的。

机 理 篇

要实现微型化,载荷设计要进行简化设计,该剥离的功能要剥离,能取消的设备都要去掉。

比如,为减轻载荷质量,电子战设备中信号处理设备,以及干扰参数设置等有关功能一般都被剥离,或者设置在地面,载荷仅提供预置等简单操作。

要达到高性能,就要采取高效能的天线,高效的功率放大电路,就必须运用数字化技术、集成电路技术,如近年出现的数字阵列天线、全固态发射机等,使电子战设备具备了小型化、高性能的优点。

除此之外,还要考虑电源供应问题,无人机平台动力本身不大,无法给任务载荷提供很大的功率余量,这就导致了电源供应常常是限制电子战载荷性能的重要瓶颈。

所以说,无人机电子战载荷设计,无异于螺蛳壳里做道场、绣花针尖上跳舞,是真的难。

这就是为何无人机平台往往在投入使用好几年,经过多次升级后,才最终安装电子战载荷的原因。

微型天线

天线是电子战载荷的必不可少的组成部分,主要起到接收信号和辐射干扰能量的作用。与大多数雷达收发共用同一副天线不同,由于需要收发分离,电子战设备通常接收和发射各使用一副独立的天线。

无人机电子战设备通常采用平面螺旋天线、对数周期天线,这些天线的特点是频带较宽,但是增益比较低,通常小于10分贝,且天线波束比较宽,一般达到50°到60°。这对于无人机实施干扰来说,是比较合理的,无人机干扰方向只需大概对准目标,就能有效确保干扰波束覆盖住干扰目标。当然,宽波束也意味着大部分功率都被浪费掉了。

平面螺旋天线　　　　　　　　　　对数周期天线

当前，最先进的电子战设备开始采用有源相控阵天线（AESA），或者称为数字阵列天线。有源相控阵天线是一种先进的雷达天线技术，使用很多微型的天线单元组合形成一个大的阵列，每个单元都有一套独立信号通道，通过控制每个通道上的信号相位——这种技术被称为数字波束形成技术（DBF）——来实现空间功率合成，产生非常狭窄尖锐的辐射波束，俗称"笔型波束"或者"针状波束"，这些技术最先应用在雷达领域，并逐步拓展到电子战领域。

与传统天线相比，采用有源相控阵天线的电子战设备可以同时发射多个非常窄的干扰波束来干扰不同方向的目标。由于是高增益、锐方向天线，它的等效辐射功率也比较大，频率覆盖范围和信号频率带宽都可以做得很宽，并且方向控制非常灵活，体积上也具有很大的优势。

使用 AESA 的电子战载荷

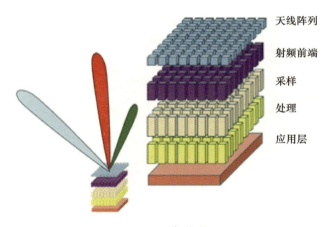

AESA 的结构

相控阵天线的缺点是其波束调整视场也是有限的,通常不超过其轴向 ±60° 的范围。要实现大范围覆盖,需要在不同方向使用多副天线组合;此外天线的阵列结构比较复杂,制造工艺要求很高,相应造价也比较昂贵,对于一些低成本一次性使用的无人机来说并不适用。

智能干扰机

为满足无人机电子战设备小型化要求,早期机载电子战设备采用十分简略的工程设计,通过将接收到的微波信号进行下变频后,检测获取信号的频点,然后从噪声源中提取同样频率的白噪声直接放大后发射出去,进入雷达、通信接收机遮盖目标信号,从而产生干扰效果。

随着现代雷达、通信设备采用扩频技术和相参接收技术,正在变得越来越聪明,这些传统模拟干扰机的技术就被淘汰了。

现代电子战设备是以一个数字射频存储器(DRFM)为核心的电子干扰系统,其主要功能是对接收到的信号进行变频、采样(模/数转换),并快速存储起来;然后,根据需要随时克隆出多个一模一样的"副本",必要时再对这些副本进行时间、幅度、频率和相位调制,产生各种复杂多变的干扰信号和样式,被称为"智能干扰机"。

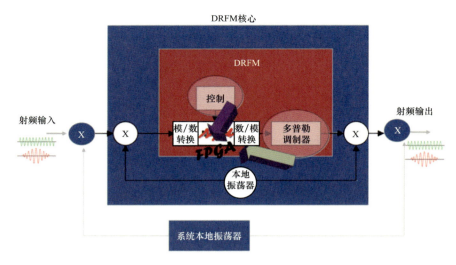

简化的 DRFM 结构图

电子战设备的核心——DRFM

在现代数字射频存储器（DRFM）技术的加持下，电子干扰机实现了"灵巧干扰"，雷达、通信的信号样本被存储下来，经过不断复制并进行各种编程，再发射回去，与武侠小说中的绝技"斗转星移"相似，不管对方用什么招式，一律"以彼之道，还施彼身"，这样的本领谁见了不怕？

机理篇

简单来说，数字射频存储器技术就是雷达把一个信号发出去，干扰机就产生无数个高度相似又形式各异的假信号发回来，要么让雷达误识别为真实目标，要么完全遮盖住真实目标，再先进的电子反干扰技术也招架不住。

目前，数字射频存储器（DRFM）技术还在不断发展中，当前已经处于第三代阶段，主要涉及高性能的相参处理和复杂信号调制技术，其技术原理看起来简单，但实际上目前却没有几个国家（集团）能制造出高性能的数字射频存储器。

因为单是硬件制造方面就要涉及高速模数转换技术、高速大容量数字存储技术、单片微波集成电路技术、超高速集成技术、微处理器和微计算机等高端领域，每一个领域都代表着当前人类微电子、半导体工业的最前沿科技。

人们常常问，改革开放逾四十年，跻身世界第二大经济体的我国，与发达国家的真正差距在哪里？

答案就在上面。

电子战设备就是涉及最前沿核心科技的制造领域，这个领域代表的是国家的看家本领、保底手段，一旦掌握必须紧紧握在手里，没有谁愿意拱手相让。

人们常常谈技术研究上的后发优势，认为可以长期跟踪尾随、伺机弯道超车等，其实技术领域的落后更多是面临"后发劣势"陷阱，后发者随时处于被优势对手"卡脖子"的危险局面。

落后就要挨打，简单又粗暴。

另起炉灶可能是解决后发劣势最好的办法，就是换一个赛道重新起跑。

按照现代博弈论的观点，这叫引入新的竞争机制。

固态发射机

早期的雷达和电子战设备，均是使用模拟微波器件的发射机，其

核心元器件就是用于微波功率放大的真空功率放大器，包括调速管、行波管和磁控管等。

早期行波管模拟发射机

其中功率行波管技术具有宽频带、高功率、高效率的优点，如今仍被各种地面或空中大功率电子战设备广泛应用。

然而，应用功率行波管制造的模拟发射机，体积和质量均比较大，并且需要高压电源，这往往是造成其故障多发和影响寿命的源头。

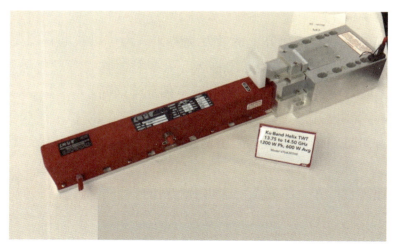

现代行波管单管功率可达600瓦

因此，行波管用在地面或机载大型装备上，既经济又实用，但在无人机领域，急需要发展轻量化设备进行替代。

20 世纪 80 年代，通过对以砷化镓（GaAs）、氮化镓（GaN）为代表的新半导体材料的研发应用，使微波单片集成电路（MMIC）进入了实用阶段。使用这些半导体材料作为衬底制造的微波功率模块，其功率放大部分是由多个微波单片集成电路组成的，不再使用传统模拟发射机上的微波电子管（行波管）。

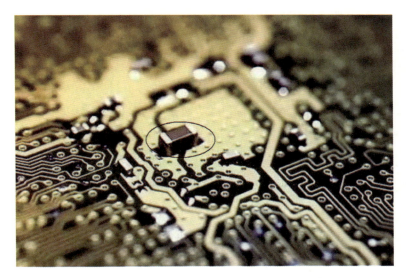

PCB 电路板上的微波单片集成电路

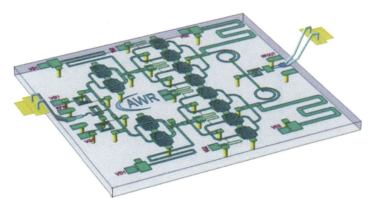

X 波段 1 瓦功率 MMIC 放大器结构图

为了进行区别，采用真空模拟放大技术电路的发射机统称为"模拟发射机"，新一代微波单片集成电路技术的发射机由于全部是使用"半导体固态器件"，通常被称为"固态发射机"。

当前，比较成熟的半导体微波单片集成电路是第一代砷化镓微波单片集成电路（GaAS-MMIC）和第二代磷化铟微波单片集成电路（InP-MMIC），第一、二代半导体微波单片集成电路已广泛运用到军民用设备中，但还存在集成度低、造价昂贵的不足。第三代的氮化镓微波单片集成电路（GaN-MMIC）则是性能最好、代表未来的技术，在高频、高温、高功率应用方面具有极大的潜力。

微波单片集成电路最适合工作在 L 波段以上的高频信号中，不同的半导体衬底材料有不同的性能优势区间，在 100 吉赫以下的频段，砷化镓尤其是氮化镓半导体衬底的功效最高；100 吉赫以上的频段，磷化铟半导体衬底的功效开始变得更有优势。2015 年美国国防部高级研究计划局（DARPA）投资的"太赫兹"项目，利用 InP-MMIC 首次实现了在 1 太赫的频段处获得 9 分贝的功率增益。

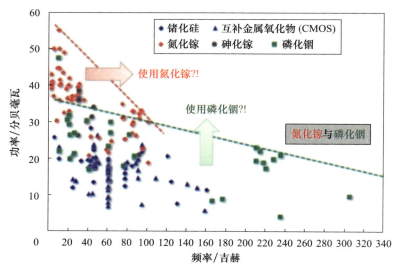

不同的半导体衬底材料的能效对比

和以前的微波混合集成电路比较，微波单片集成电路体积显著变小、质量变轻，工作频段宽，可靠性好，是典型的多面手。在电子战发射机领域，和使用传统行波管微波器件制造的放大器相比，采用半导体制造的固态放大器，在达到和行波管相近甚至稍高的指标时，它的体积明显要小、质量更轻，并且稳定性更好、寿命更长。

因此，美国下一代干扰机的中波段干扰吊舱就全部使用了微波单片集成电路的固态发射机。

中波段干扰吊舱

多年来在微波半导体技术制造领域，美国、欧洲、日本高度重视并大力投入研发，一直牢牢占据着第一阵营。我国在 MMIC 制造领域虽然比西方起步晚 10~15 年，但过去 30 年来取得了很多突破。不过，由于在新材料制造工艺和器件集成设计能力方面还比较薄弱，在高性能固态放大器制造方面还存在较大差距。

电子战无人机：翱翔蓝天的孤勇者

无人机的克星

螺旋式上升的对抗

从无人机在战场上出现的第一天开始，它就给防空带来了极大挑战。从越南战争中的"闪电虫"高空无人机使"萨姆"–2导弹鞭长莫及，到贝卡谷地的"猛犬"无人机令"萨姆"–6导弹全军覆没，再到纳卡冲突"哈洛普"无人机摧毁S–300防空导弹，似乎都是防空系统吃了大亏。

事实确实如此，无人机就是应对现代防空系统威胁非常有效的非对称手段。

现代防空导弹，通常使用火箭或者冲压发动机，其飞行速度的马赫数能达到3~4，这个速度是亚声速飞机速度的4倍以上。天下武功、唯快不破，一旦被导弹瞄上，飞机注定是插翅难飞。

反观现代飞机，不但造价越来越昂贵，而且最重要的是防空系统使飞行员生命安全面临威胁。战场上一旦有防空导弹的存在，必然对飞行员带来极大的心理压力。

自古以来都是赢则守、输则变。为能够应对防空导弹的威胁，人们找到了最有效的组合，就是电子战加无人机。

电子战是通过干扰和欺骗，使防空导弹系统瞄不准、打不中。

无人机是通过低成本优势，使防空导弹打不起、不敢打。

现代飞机的单机造价，从数千万到上亿美元；现代防空导弹单枚

成本，通常达到几十万到数百万美元；一架电子诱饵无人机，则只要几万到几十万美元，反辐射攻击无人机通常不超过50万美元。

导弹对飞机，是芝麻对西瓜。

导弹对无人机，是西瓜对芝麻。

所以说，无人机特别是攻击无人机的出现，让战场博弈双方主被动局面发生了翻转。

当大批真假难分的空中目标出现在雷达屏幕上的时候，现在轮到防空导弹的操作员面临心理压力了。

低慢小目标的挑战

矛与盾从来都是相生相克。随着无人机大量使用，反无人机手段和能力也在不断涌现。

对于防空系统来说，大型高空无人机通常距离较远，地面火力很难够得着，对付这些无人机也有更好的办法，歼击机加空空导弹，打起来轻松又稳妥。

真正造成麻烦的是各类中小型无人机，尤其是各类诱饵、干扰和反辐射攻击无人机，其作战方式本来就是针对防空系统的软肋而来的。

这些无人机的特点可以用三个字概括：低、慢、小。

飞行高度低：大部分中小型无人机，飞行高度在3000米以下；微小型无人机，则是飞行于100米的超低空，甚至在树林空隙中穿梭。

目标特征小：中小型无人机普遍红外辐射特征微弱，雷达散射截面积小，现有防空雷达系统通常难以远程发现和掌握它的行踪。

飞行速度慢：中小型无人机普遍使用活塞发动机、电机，其飞行时速度通常小于200千米/时。

当前反无人机能力主要是针对中小型无人机的特点而开发的，典型的手段主要有以下几种。

反无人机专用火炮系统。反无人机专用火炮系统是一种小型多管近程火箭炮，主要用于对中小型无人机进行攻击。其主要优点是成本低，适用于重要目标和野外机动部队的战术防空。其不足是攻击微小型、多方向蜂群无人机时能效不高。

微小型无人机属于低小慢目标

L3 Harris 公司的反无人机火炮系统

反无人机抓捕网。 反无人机抓捕网首先利用飞行平台靠近无人机，然后通过投放网将无人机控制。这种网通常使用无人机或者直升机进行投放，主要用于对微小型慢速无人机的抓捕。美国国防部高级研究计划局投资研发了一款名为"飘带"的反无人机系统，可从车载平台发射一个弹体到无人机附近，然后发射粉红色的飘带将无人机缠绕使其坠落，其抓捕无人机的设计距离指标为 1 千米。这种方法的优点是可以完整无损地抓获对方的无人机，不足是对于快速目标，由于靠近和瞄准困难，难以成功抓捕。

美国"飘带"反无人机系统

反无人机抓捕网

反无人机电子干扰武器。反无人机电子干扰武器主要通过对无人机的遥控遥测频点、数据传输频点实施电磁干扰，切断地面与无人机之间的链路，从而能使无人机失控、坠毁。反无人机电子干扰武器包括专门的地面电子干扰系统、手持式电磁干扰枪等形式。

手持式电磁干扰枪是一种手持式轻便电磁干扰武器，通常使用锂电池作为电源，质量为10千克左右。反无人机电磁枪的优点是结构简单、质量轻、携带使用方便；存在的不足是功率较小，只能对固定频

两种反无人机干扰枪

点微型无人机实施干扰,且无法对无人机造成实质损坏,对于部分具备自主回收能力的无人机,只能起到驱离的作用。

地面电子干扰系统通常针对各种无人机链路、卫星导航等目标实施干扰,破坏无人机的导航、组网、传感器和测控链路,从而达到削弱无人机作战效能、驱离无人机的目的。其优点是干扰影响距离远,反制小型蜂群无人机效益高。缺点是由于要兼负对通信数据链、导航、雷达传感器等干扰任务,系统往往过于庞杂,协同运用复杂。

反无人机电子干扰系统

反无人机激光武器。反无人机激光武器可以辐射大功率激光定向能,通过照射攻击无人机使其元器件烧毁或者功能丧失。反无人机激光武器可安装于车载平台和大型无人机平台。美国国防部商用研究计划局投资的机载激光武器项目（ABL）已经于 2012 年试验结束，依托该项目的研发成果，2012 年开始研究的 30 千瓦激光武器 SSL-TM 已经进入实用阶段，其对微小型无人机的攻击距离可达 1 千米左右试验中曾成功在数百米的距离击落 1 架"扫描鹰"无人机；目前计划将 200~300 千瓦量级激光定向能武器安装于大型高空无人机和下一代驱逐舰中，可以用于防御各类导弹、无人机。

美军 30 千瓦激光武器 SSL-TM

成功击落"扫描鹰"无人机

反无人机激光武器的优点是反应快速、效率高、可重复使用，是一种比较低廉的反无人机手段，具有很大的应用前景。其不足是激光定向能武器因采用直瞄式攻击方式，能量束集中且非常尖锐，对目标瞄准精度要求很高；且照射发挥作用需要能量积累，攻击单个目标通常需要数秒到几十秒时间，随着距离增加，积累时间越长，对集群目标的攻击效率就越差。

反无人机高功率微波武器。 反无人机高功率微波武器可以通过瞬时辐射极高电磁能量攻击无人机，使其内部电子设备受损，最终失效坠毁。高功率微波武器通常使用固态放大器多级并联放大，从而实现瞬时超大功率辐射，目前实用的系统功率可达到几个兆瓦量级。2021年，美国EPIRUS公司的Leonidas陆基高功率微波系统对小型无人机有效毁伤距离为300米，可在十几千米外对各类无人机的链路造成阻断干扰。据报道，美军机载高功率微波武器，可以在数千米高空攻击一栋大楼，瞬间使其内部所有电器设备全部烧毁或宕机。

高功率微波武器是最有发展潜力的反无人机手段之一，可以用于防抗各类蜂群无人机的袭扰。它的优点是作用时间短、效能高、穿透能力强，能够绕过建筑物、船舶、车辆、飞机外壳的遮挡，攻击内部的电子设备，尤其是电源设备。存在的不足是受微波放大器性能影响，目前功率还难以取得更大突破，有效攻击距离与其他武器相比还没有很大优势。

美国EPIRUS公司的Leonidas陆基高功率微波系统

电子战无人机：翱翔蓝天的孤勇者

高功率微波武器反无人机场景

除此之外，反制中小型无人机的手段还有很多，但它们都面临同一个最大的难点，就是怎样确保提前发现无人机来袭。因为，不管哪一种反制系统，都要首先解决如何发现和定位无人机的问题，才能进行引导拦截。目前，反无人机系统中用于探测发现低慢小目标的手段主要有以下几种。

小型低空搜索雷达。 反无人机低空搜索雷达通常工作于X、Ku等比较高的波段，整体外形较小，便于机动部署，作用距离一般为几十千米。比较先进的低空搜索雷达采用有源相控阵雷达技术，进一步缩小体积，并可集成安装到小型车载平台上。

无线电侦察机。 无线电侦察机主要是用于对无人机遥控信号进行侦察和测向，为反制系统提供预警和引导，其侦察距离一般可达十几千米。无线电侦察的优点是具备全天候侦察能力，且反隐蔽突防能力强。在通视情况下，通常无人机还未起飞，就能通过截获其遥控信号，即使无人机使用超低空、树林遮挡作为掩护，无线电侦察仍然能够发现无人机活动。存在的不足是测向定位能力弱，只能大概知道目标方位，无法提供无人机准确方位、类型、数量等情报。

光电跟踪仪。 光电跟踪仪是对无人机侦察的重要手段，通常由多

机理篇

反无人机低空搜索雷达

反无人机无线电侦察机

个不同波段的电视、红外侦察设备组成。它的优点是跟踪精度高、识别能力强。光电跟踪仪缺点是瞬时视场比较小，通常需要雷达、电子侦察机的配合引导。此外，其作用距离比较短，侦察距离只有几百米到几千米，且容易受不良气象影响。

美国 Teledyne FLIR 反无人机系统光电跟踪仪

机 理 篇

英国希思罗机场反无人机系统的光电跟踪仪

高端无人机的软肋

对于大型高空无人机,由于其活动范围通常远离地面火力的杀伤范围,防空导弹一般无可奈何,使用歼击机加空空导弹可能是比较有

153

效的办法。但现实情况不会那么简单，因为战场上大型无人机这种高价值目标，附近通常会有空中掩护兵力。本来歼击机打无人机轻轻松松的，但如果半路遇到对方的支援掩护兵力，很可能被对方反杀。

还有像 RQ-170、RQ-180 这样的高端无人机，不但飞得高、飞得快，还有隐身能力，可以神不知鬼不觉地窜入对方领空，地面雷达都发现不了，还想用歼击机击落显然也是无能为力。

美国在 20 世纪 80 年代就声称 B-2 轰炸机利用隐身能力，可以在苏联布有严密防空网的国境内如入无人之境。可见美国"隐身威慑"的套路已经玩了好几十年。

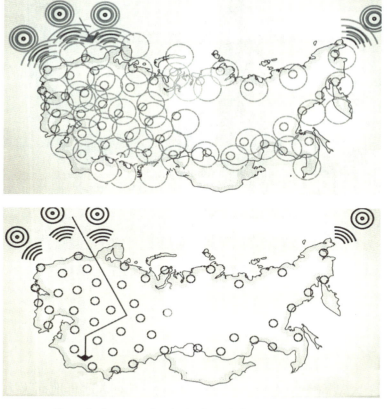

美国发布 B-2 穿透苏联国境打击的设想图

如今大国竞争时代,美国又拿出"隐身威慑"的旧经书,拍拍灰尘贴个新的封皮,改了个名字叫作"穿透性制空"概念。按照美军"穿透性制空"理念,先利用 RQ-170、RQ-180 隐身无人机巧妙绕过对方地面预警雷达和火力威胁圈,偷偷潜入对方纵深进行探路和侦察,再跟着 B-21 隐身轰炸机根据侦察情况进行有针对性的轰炸。

如何有效应对隐身高空无人机带来的挑战呢?我们先来看看它有什么软肋。

首先,隐身无人机是高端无人机性能妥协的产物。"全球鹰"无人机是现代高端无人机的代表,但美国很快提出将其于 2027 年全部退役,原因是其对抗环境下生存能力不强。为了提升无人机隐身能力、增强机动性,以提高在对抗环境下的生存能力,就不得不对其功能设计和性能上进行各种妥协。

其次,隐身无人机对电子信息设备的功能依赖没有减少,甚至更加强化了。新一代无人机,更加要求实时入网、随时在线、敏捷反应,这些都要求无人机拥有强大的信息保障能力。

最后,它只是"隐身"而已,并不智能。在隐身穿透作战概念中,无人机作战时需要随时接收电磁战斗管理员的指令,调整任务并报告动态,将传感器数据通过高速链路回传到后方,并且多架无人机之间可通过组网以加强协同,可以不夸张地说,无人机就像风筝一样随时需要一条线给牵着。

面对"穿透性制空"新理念和隐身无人机这种新型力量,已经无法依赖传统电子战手段、运用传统理念制胜,必须利用前沿颠覆性技术,运用激光定向能武器、高功率微波武器和电磁脉冲武器等新力量,并且创造新的作战方法来反制。

现在就来回答前面提出的如何应对隐身无人机这个问题,答案就是:电子战,而且是空天电子战!

电子战无人机： 翱翔蓝天的孤勇者

空天电子战是指使用航空、航天电子战力量和地面电子战力量实施空天一体作战来夺取制电磁权的行动。

谈到空天电子战，其能力、手段和运用似乎很遥远，而在智能化战争时代，空天战场才是电子战的主场。

运用篇

 运 用 篇

电子侦察

　　电子侦察是电子战无人机最广泛的运用领域。从无人机诞生的早期开始，就被广泛用于执行空中侦察任务，加上电子战载荷后，电子侦察和无人机相结合就使得电子战无人机被更加广泛用于侦察任务。

距离优势

　　目前，用于侦察任务的无人机主要有三种侦察手段：一是通过光电照相设备（包括可见光照相和红外成像设备），侦察距离一般为几十到一百千米；二是通过合成孔径雷达，侦察距离通常为几十到两百千米；三是通过电子战侦察设备，侦察距离通常取决于无人机的视界，而决定无人机视界的主要因素就是其飞行高度，对于"全球鹰"无人机这种飞行高度达到20000米的无人机而言，其电子侦察的典型距离可以达到600千米，甚至更远。可见在无人机所有侦察载荷中，电子战侦察载荷独具优势。这就是它的距离优势。

　　电子侦察原理上的距离优势还给无人机侦察带来很大的便利。电磁波的辐射是随着距离增大，信号强度以2倍指数减弱，对于典型雷达探测目标而言，由于是一去一回两个行程，信号强度减弱与目标距离的关系变成了4倍指数。更直观来说，高空电子侦察机可以侦察到600千米外的地面预警雷达，而地面预警雷达对高空目标的探测距离通常不大于400千米。也就是说，在无人机能够截获到地面雷达信号的

时候，地面雷达往往无法察觉自己的信号和位置已经被对方掌握。

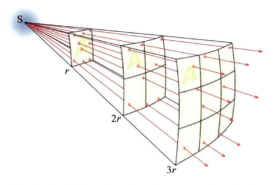

电磁波随着距离增大成 2 倍指数衰减

正是由于这些特点，大型高空电子战无人机通常用于战略侦察，利用侦察距离优势，不需要抵近对方火力范围内进行冒险侦察。像美军 RQ-4 "全球鹰" 无人机主要在公海上空活动，就能收集对方国土纵深的目标情报。

小型无人机则通常用于战术侦察，通过低空飞行，抵近到对方活动目标附近，在对方雷达能够发现自己的边界条件之外活动，或者避开火力打击圈实施侦察。如美陆军 RQ-7 "影子" 侦察无人机，侦察半径可达 120 千米，可以广泛应用到对火炮、装甲集群的机动侦察中。

指纹识别

和雷达、光电以及技术侦察等其他手段相比，用无人机进行电子侦察存在两个难以克服的缺点，一个是电子侦察属于被动侦察，当对方有意采取隐蔽措施时就会一无所获；另一个是对目标的关联识别能力比较弱，需要其他侦察手段进行辅助印证。

第一个缺点，通常使用相关战术进行克服，如通过诱饵无人机制造虚假空情或者组织伴动，轻易就能引诱隐蔽的火控雷达等目标进入战斗状态，乘机侦察截获目标。

针对第二个问题，目前采取的方法是电子侦察利用其距离优势先侦获和定位可疑目标，对高价值的目标，再派出无人机到附近进行雷达成像和照相，进一步核实确认。

电子指纹识别技术的出现，使下一代电子侦察载荷从根本上解决了目标识别问题。

我们知道，现代的微波半导体器件都是流水线上的标准化产品，同一类元器件、同一批产品线生产的元件在性能上是高度一致的，误差可以忽略不计，但是是始终存在的，只不过误差的颗粒度、数量级非常小。而当成千上万个元器件组合成为一个系统，电磁波通过这些系统进行调制、放大、输出，最终辐射到电磁空间。不同系统输出的信号就会有非常独特细微的区别，这些区别就如人类的指纹一样具有与生俱来的唯一性。

高精度的电子侦察设备就是利用这一点，通过采集、保存和识别这些特征，获得每一个目标信号的"指纹"，建立指纹库。由于电子设备通常和飞机、舰艇、导弹系统具有严格的捆绑关系，只要识别出电子系统的唯一性，对于明确识别目标身份属性就有很强的证据指向。

对于光电照相侦察，很容易受到不良气象条件和人工表层伪装的影响，而且侦察距离过近。

对于雷达成像侦察，雷达灰度图的识别难度比较大，也容易受到伪装和电子干扰的欺骗。

而对于采用"指纹识别技术"的电子侦察，与前两种相比是一种能够揭开所有伪装的"基因检测"手段。

可以说，在布满迷雾的战场，对于光电和雷达成像侦察，通常只能掌握表面情况，而电子侦察，则是能摸清对方身份、让对手无处躲藏的一种手段。

这就是为何第二次世界大战结束近80年来，美国电子侦察飞机每天在全世界各个角落转悠的原因，其意图就是毫无遗漏地搜集、建立全球电子目标的"指纹库"。但凡有个风吹草动，马上就会进入重点

清单。

这是美国军事力量在履行其"世界警察"霸权的职责。

融入打击链

电子侦察无人机主要利用侦察距离优势,在敌方火力和探测边界实施侦察,在数据链的支持下,可以实时将目标信息回传后方进行分发。

在低强度对抗环境下,光电照相侦察、雷达成像和技术侦察等手段都能实现同样的功能,甚至更加直观有效。

但在强对抗环境下,训练有素的对手首先就会让技术侦察手段失效,在现代多重防空火力的威胁下,近距离照相侦察和雷达成像侦察更是几乎不可能成功。

剩下的就是现在一直被视为备份手段的电子侦察了。

电子战无人机如何利用其优势在边界条件下完成侦察和引导打击任务呢?

首先就是需要一定程度的试探性侦察,派出侦察无人机的同时,利用诱饵无人机来引诱对方暴露火力部署,进而摸清其火力部署。正如以色列在第4、5次中东战争中所用的战术一样。

然后,在升空突击飞机的同时,再次派出电子侦察无人机,绕开对方的火力部署,进入对方防区内的安全边界进行持续侦察监视。不断搜索发现高威胁等级目标,利用定位和识别技术快速判定目标,将这些信息实时回传后方电磁战斗管理员,在指挥员的授权下,再发送到在空待命的突击飞机。在打通OODA链路的情况下,也可由电子战无人机直接将目标情报传送到在空突击飞机。

第三,电子战无人机持续保持对目标的跟踪监视,评估飞机打击效果并继续引导第二轮打击任务。由于电子战无人机单机巡航时间可以达到几十个小时,可以持久提供目标信息引导。

 运 用 篇

电子诱饵

挡箭牌

诱饵是电子战运用最为广泛的作战手段，最早期的诱饵是用于保护轰炸机这样的大目标，主要是利用无人机本身作为诱饵，来吸引地面火力的攻击；第二代诱饵在无人机上加装了金属反射器来实现对信号的放大，用小型无人机模拟大型飞机的回波特征；第三代诱饵是目前应用最广泛的电子战诱饵，安装小型电子战载荷，能够释放假目标，实施复杂的电子欺骗。

红外诱饵诱偏红外导引头

小型空射诱饵的基本型是一款电子战诱饵无人机，通常作为作战飞机的自卫诱饵，使用场景非常广泛，方式也十分灵活，往往给防御一方造成很大的困扰。

开路先锋

现代的空中作战,在没有获得制空权之前,突击飞机轻易不敢进入高风险空域。但对核心目标进行突击这类硬骨头任务,又必须进行多次大规模的空袭行动,而这些目标周围的地面防空火力往往又十分密集,且一般难以一次性全面提前压制。在战场上,双方围绕核心目标"硬扛"的场面并不少见。

在多波次大机群空中突击行动中,电子诱饵无人机就可以起到开路先锋的作用。在机群发起突击行动前,使用电子诱饵无人机,在攻击编队前吸引和消耗火力,并且能够引诱对方暴露火力部署。经过无人机的消耗后,利用对方换气歇脚的间隙,攻击机群再集中开始针对性打击。

这种作战方式实现的难点是与无人机的协同。因为电子诱饵无人机通常速度比较慢、机动能力比较弱,为了与有人机协同攻击,它需要提前大批量起飞。但是大量无人机的放飞通常动静不小,很容易就会被提前发现和掌握,暴露攻击的意图。

解决的办法是将无人机装到机动车辆上悄悄前推到作战前沿埋伏好,或者由舰艇在海上逼近对方的海岸,还可以由大型运输机运送到前沿投放,与有人机编队做好协同后,同步发起进攻。

电子诱饵无人机作为掩护的角色,其战绩的计算常常意味着战损,它对战争胜利的贡献是间接性的。

电磁伴动

在现代战争场景下,空中突击行动除了主攻方向,通常要选择2~3个次要的进攻方向进行伴动,通过在多个方向同时大批量使用电子诱饵无人机,可以给对方制造全面受到攻击的态势,分散对方的注意力和兵力。

相比与地面兵力和空中有人机组织的伴动，使用电子战无人机实施电磁伴动是最为高效的方法。在强对抗环境中，不同方向的伴动兵力都可能受到对方空中和地面火力的压制，造成很大的损失，而使用电子诱饵无人机大量释放假目标，扰乱对方空情态势，诱使对方空中兵力前出拦截查证，吸引对方地面火力进行抗击，是成功达成伴动目标并且有效减少损失最好的手段之一。

电子战无人机：翱翔蓝天的孤勇者

蜂群抵近干扰

1 瓦功率的迷思

小型无人机是一种广泛用于电子干扰任务的无人机，由于平台载荷小、飞行高度低，机动性和续航能力都比较弱，最重要的电子战载荷功率也比较小，实际电子干扰功率通常以瓦量级为计。

相比通信电台几百上千瓦的功率、雷达动辄上兆瓦的功率，电子干扰用 1 瓦的干扰功率，究竟有什么效果呢？

经过模拟计算和试验验证，功率为 1 瓦的干扰机，在 100 千米的距离对功率为 100 千瓦的雷达进行干扰，其到达雷达接收机的干扰能量仍然比普通飞机目标的回波能量大两个数量级（100 倍）以上。

因此，小型无人机即使使用几瓦的小功率进行干扰，同样能够发挥较好的作用。但也是由于功率问题，决定了小型电子干扰无人机需要抵近到干扰目标附近，才能取得比较良好的效果。这个距离通常是几十千米到一百千米之间。

小功率抵近干扰与远距离大功率干扰是相互补充的关系。与单纯的大功率干扰机相比，小功率、近距离、分布式无人干扰机是极有优势的，能够实施灵活机动的干扰筹划，实现多个方向多点有效干扰，弥补大功率远距离干扰机只能在一个方位干扰的不足。

释放电磁迷雾

电子干扰是看不见摸不着,无法直观感受的客观物理现象,电子干扰的效果用物理现象来形象地比喻就是"迷雾"。人陷入迷雾中,就如近视眼,视野受到影响。

而一架小型无人机,通常只能在干扰机周围产生一小团"云雾",对目标探测能力造成小范围影响。电子战无人机最典型的使用方法,就是利用低成本优势,一次性使用多架无人机,同时针对一个目标,在电磁空间多点、分布式地释放迷雾。

电子干扰无人机当前面临的第一个挑战是现代组网雷达系统。现代组网雷达系统采用的全频段、多阵位、分布式组网,具有很强的抗干扰能力。闯入组网雷达探测范围的常规空中目标就像和尚头上的虱子——明摆着,根本无处遁形。如果电子干扰仅仅围绕一个雷达目标进行迷雾布撒,对整个雷达网来说,只是蜂窝网络中的一个点受到影响,其他位置和不同频段的雷达可以很快补盲,不会影响雷达网整体功能。

要在雷达网群内部成功释放迷雾,传统电子战飞机在这里可是遇到瓶颈,有点捉襟见肘,而使用小型蜂群电子战无人机则是绝妙的办法。

蜂群干扰

首先,为了产生更好的迷雾效果,需要选好重点目标。对需要重点干扰的目标群,其中每一个目标都使用多架无人机进行抵近干扰。对需要兼顾的目标群,可以使用少量无人机进行游猎性干扰。

需要注意的是,由于载荷性能限制,小型干扰无人机的干扰带宽只能覆盖某一频段,不具备对两种频段差别很大的雷达目标干扰的能力。如小型空射诱饵干扰型的工作频段主要针对制导雷达常用的 C、X

频段。因此，在进行任务筹划的时候就要针对 L 频段雷达使用 A 型无人机，对于 X 频段雷达就要选用 B 型无人机。

很多一次性使用的蜂群无人机采取发射后不管的方式，不具备二次规划能力，在任务规划时就要考虑好所有的限制条件。对于具备飞行中任务规划能力和可以回收的无人机，还要考虑大批量无人机飞行规划中对"电磁战斗管理员"带来的任务量问题。如美军"小精灵"无人机在集群使用时，位于防区外的指挥机上，需要多名电磁战斗管理员全程对无人机群进行控制。

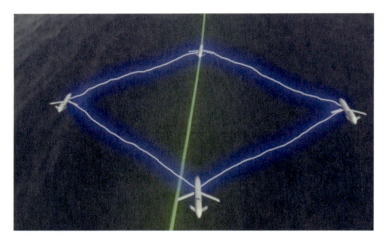

无人机蜂群组网

未来随着新体制雷达和组网技术的发展，像双基地雷达、分布式多输入多输出（MIMO）雷达的应用将会给电子战带来严峻挑战。

道高一尺、魔高一丈。电子战技术的进化特别是数字射频存储技术的升级，依托无人机蜂群平台进行分布式近距离、空间密集型干扰的战法，是有效应对未来双/多基地雷达发展的策略。

 运 用 篇

伴随掩护干扰

高速无人机的魅力

目前，从多旋翼无人机、RQ-11 战术侦察无人机到中大型的"苍鹭"无人机、"全球鹰"无人机，其主要一个弱点就是飞行速度慢、机动能力差。

在"以快制胜"的现代战争中，这一点是十分致命的。在作战使用上带来的直接影响就是无人机很难与有人机编队协同作战，协同不好，就会互相脱节，各自为战。

机动能力差还意味着无人机很容易被空中和地面火力攻击。本来就是作为支援掩护的力量，如果还需要有人机进行保护，那它还有什么使用价值呢？为了在未来强对抗性战争环境中使用，无人机必须解决机动性差、防护能力弱的问题。

目前，使用喷气动力的高速无人机和高超声速无人机正在成为关注的热点。"女武神"无人机、RQ-180 无人机就是典型的代表。

无人伴随掩护

上阵父子兵，形容的是战场上相互信任关系很重要，甚至需要血缘关系才让人放心，因为被"猪队友"坑的案例数不胜数。

电子战无人机：翱翔蓝天的孤勇者

20 世纪 50 年代，美军在朝鲜战场上使用 B-29 轰炸机改装的电子战飞机提供伴随掩护，用于对火炮瞄准雷达进行电子干扰，其中每出动 10 架轰炸机就配备 1~2 架掩护飞机。B-29 退役后，B-52 轰炸机通过增加使用空射诱饵来提供自卫干扰掩护。美军在 20 世纪 90 年代的条令就明确规定，电子战系统失效的飞机，飞行员可以拒绝升空作战。可见美军对电子战提供自卫和伴随掩护十分重视。

在现代战争背景下，由于现代防空系统的严密布防，空中突击行动单纯依靠"独狼"战术难以达成目标，通常需要根据任务需求构建不同规模的空中突击体系，不管小体系还是大体系，都离不开电子战这个要素的掩护。

对于空中编队而言，使用专用电子战飞机进行伴随干扰掩护，电子战飞机本身又需要支援掩护的兵力，这样体系就过于庞大。如使用编队内部分飞机挂载电子战吊舱的方式进行伴随干扰掩护，那挂载电子吊舱的飞机相应挂载武器能力就会下降。使用电子战无人机伴随掩护可以较好地解决以上问题。

目前，由于还缺少实用型的、能够与歼击轰炸机编队同等机动能力的电子战无人机，无人机伴随支援干扰的运用还没有得到现实检验。

当然，电子战无人机要具备伴随支援歼击轰炸编队的能力，除了要具备与有人机一样的飞行性能和机动能力之外，还要解决多机灵活编队、临机任务规划等复杂问题，不能成为整个编队的"拖油瓶"角色。毕竟，突击行动中指挥员精力主要放在突击编队指挥控制上，无暇顾及电子支援飞机内部的控制协同问题。

有人无人协同空战

电子战无人机更加挑战性的任务是支援空中交战。自由空战俗称空中"拼刺刀"，是空中作战最激烈的一种战术对抗。在现代战争中，自由空战已经进入了"超视距"空战时代，飞机、空空导弹、电子战

成为空中制胜的"三驾马车",可以说,电子战的作用越来越突出。

电子战无人机作为制空作战的无人僚机来使用,可能是未来智能化战争的第一步——有/无人协同作战。用电子战无人机协同进行超视距空战的方式可能有:

电子战无人机掩护有人机攻击:将电子战这架"马车"单独剥离到无人机身上,由无人机为隐身飞机提供支援干扰掩护,对对方的飞机实施干扰,为有人机对对方的攻击创造窗口条件。即使干扰源被对方探测锁定,甚至受到反辐射导弹威胁,仍然不会危及有人机安全。

电子战无人机引导有人机攻击:有人机保持电磁静默,电子战无人机利用无源探测发现、定位和确认目标,将目标信息发送给有人机,有人机发射空空导弹对目标实施攻击。导弹发射后有人机脱离,由无人机保持对目标跟踪并引导导弹飞向目标。

隐身穿透

高超声速无人机常常被用于进行穿透打击,但其用于电子战同样有很大的前景,是电子战向空天一体作战发展的重要平台。高超声速电子战无人机主要有进行穿透性电子侦察等使用场景。美军 X-37B 空天无人机是一款可以实施穿透侦察的先进手段,可用于穿透作战的各种作战场景。

穿透性电子侦察是使用高超声速无人机进入对方纵深实施侦察的一种方式,可以有效弥补常规有人、无人空中侦察平台抵边侦察的不足。

反辐射压制

狼群攻击

狼群攻击是反辐射无人机最常用的一种集中火力战术，通常用于对付现代远程防空导弹系统，如美国"爱国者"、俄罗斯 S-300 等防空导弹系统。一旦有防空导弹系统部署，非隐身飞机要抵近目标区域实施攻击，通常会受到很大的威胁。

纳卡冲突中，阿塞拜疆使用购自以色列的"哈洛普"反辐射无人机，成功打击了亚美尼亚的俄制 S-300 防空系统。从公布的相关视频看，这型无人机显然使用了多机集中攻击的狼群战术。其之所以能够成功突防到导弹系统的上空，除了体积小巧，远程防空系统难以拦截的原因之外，更重要的是以量取胜的战术发挥作用，正如"乱拳打死老师傅"。

地毯式扫荡

以色列的"哈比""哈洛普"反辐射无人机可以十分灵活地使用区域扫荡的方法。这些无人机留空时间长，一旦对方雷达关机还可以拉起巡逻，重复攻击。因此，一批无人机就可以对一个区域进行全面扫荡，一旦发现目标自主实施攻击，或者能够使整片区域的雷达不敢

开机。

在使用反辐射无人机执行区域扫荡任务中,对反辐射无人机造成威胁的不是爱国者、S-300等远程防空导弹,而是各类地面高炮、肩扛防空导弹等近程火力。因此在纳卡冲突中也有看到使用肩扛导弹攻击无人机的画面,在俄乌冲突中乌军甚至试图使用机枪对空射击,试图拦截俄军的无人机,尽管这种直瞄火力往往效率极低。

独立式压制

反辐射无人机实施独立式压制是报道中常见的一种使用方法,指针对某一个未知区域进行试探性攻击的战术,主要是起到威慑作用。由于现代防空系统经常组织机动隐蔽,未知区域不能确定是否有防空导弹埋伏,使用少数无人机在空独立搜索、自由攻击,是一种低成本又高效的方式,正是"不管有枣没枣,先打一竿子"再说。

战 例 篇

 战 例 篇

案例一:
越南战争中首次亮相

一、**时间**:越南战争(1961—1975)

二、**机型**:美国 AQM-34"火蜂"无人靶机改型——BQM-147"闪电虫"无人机

三、**起源**:越南战争初期,美军的高空侦察机长期窜扰北越,有时甚至非法越境进入我国北部湾、雷州半岛一带进行侦察。后来,随着苏制防空导弹的引入,迫使美军有人侦察机逐渐退出。随后,一款由无人靶机改装的神秘无人侦察机开始大量出现。

四、**过程**

1964 年,在越南战争进入第三个年头开始,BQM-147"闪电虫"无人机的神秘身影开始偷偷出现在北越上空。这款无人机当时是美军的秘密武器,翼展 4.6 米,机长 6.98 米,航程 2500 千米,作战半径可达 1200 千米,使用涡喷发动机,飞行速度为 1112 千米/时,飞行高度可达 18000 米以上。单从平台飞行性能上看,其能力接近甚至超过当时世界主力战斗机的性能。

"闪电虫"无人机可以采用助推火箭由舰艇发射,或者通过 DC-130 运输机空中投放,采取降落伞或空中回收,主要实施照相侦察、电子侦察,也可以实施无线电干扰和布撒箔条等,遂行空中电子支援掩护。

电子战无人机：翱翔蓝天的孤勇者

DC-130 运输机挂载"闪电虫"无人机在东南亚起飞

由于具有高空飞行和高机动能力，"闪电虫"无人机是代替 U-2 有人侦察机的理想武器，当时的歼击机常常难以有效实施追击，地面"萨姆"-2 防空导弹对其也是无能为力，其在初期确实如入无人之境。因此，"闪电虫"无人机活动越来越猖獗。在整个越南战争期间，美军共有 1016 架"闪电虫"无人机在中国、北越上空执行侦察任务，累计飞行 3000 多架次。

后来，1964 年 11 月 15 日中国人民解放军空军创造了高空高抛发射导弹的战法，终于成功击落了首架 BQM-147B 侦察无人机。据报道，1964 年至 1970 年，解放军先后击落该系列无人机 19 架。

BQM-147C/D/E 型无人机安装了电子信号情报（SIGINT）和雷达信号放大载荷，主要目的是引诱"萨姆"-2 导弹开机并搜集制导雷达信号。

1965 年，"闪电虫"无人机在越南和中国飞行了 77 次，1966 年飞行 105 次，1972 年达到 570 次。1966 年 2 月 13 日，1 架 BQM-147E 型（安装了 AN/APR-26 机载雷达接收器）无人机首次成功截获"萨姆"-2 导弹"扇歌"制导雷达信号，该无人机在将信号发送给后方的 ERB-47H 电子战飞机后就被导弹击落了。

黑色涂装的"闪电虫"无人机主要用于高空侦察

很快,美国针对"扇歌"雷达研发了 AN/ALQ-51 电子干扰系统。1966 年 7 月,1 架安装了该干扰系统的 BQM-147F 型无人机在与"萨姆"-2 导弹的对抗中,利用电子干扰多次成功欺骗"扇歌"制导雷达,使"萨姆"-2 系统一共发射了 12 枚导弹才将无人机击落。

到 1975 年后,由于国际政治环境的变化,"闪电虫"无人机开始退出越南战场。

五、影响

在当时,BQM-147"闪电虫"无人机的出现可谓惊世骇俗!它的性能极为先进,在世上也是闻所未闻,各国对其能力更是一无所知。直到我国多次击落该型无人机,收缴其残骸研究,才终于揭开其真实面目:原来这款飞机竟然是无人驾驶的,它搭载的是当时最先进的电子战载荷。

"闪电虫"是第一款投入实战的电子战无人机,越南战争也成为第一场大规模使用无人机的战争！这一点足以证明。

根据公开报道，在越战几千次侦察飞行中，共有544架"闪电虫"无人机坠毁，除了少数被火力击落，大部分战损是由于无人机平台故障导致的"非战斗减员"。1966年初，执行任务的"闪电虫"无人机80%有去无回。

这战损看起来确实惨不忍睹，但与它取得的战果来说，是微不足道的！

六、评述

新质力量一旦崛起成为新势力，其发展往往是势不可挡的。电子战无人机首次亮相就引起极大关注，即使其本身存在很多缺陷，有些甚至是致命的，如"闪电虫"可靠性很差，电子战性能很弱，但无人机由于其独特的优势，依然迅速成为现象级"偶像明星"，在越战后持续受到追捧。

事实说明，有时候人们对偶像是十分宽容的，只要你成为天王，就算摘个墨镜的动作花了120秒，也能迷倒千万歌迷。

战 例 篇

案例二：
贝卡谷地冲锋陷阵

一、时间：1982 年黎以冲突（第 5 次中东战争）

二、机型："侦察员"和"猛犬"电子侦察、电子诱饵无人机

三、起源：1982 年 6 月 3 日，以色列驻英国大使阿戈夫在伦敦遭遇刺杀，刺客是一名巴勒斯坦人。3 天之后，以色列以消灭黎巴嫩境内的巴勒斯坦解放组织为借口，派出 10 万国防军侵入黎巴嫩，从而引发第 5 次中东战争。以色列国防军的主要任务是夺取贝卡谷地制空权，而驻防在黎巴嫩贝卡谷地的叙利亚"萨姆"–6 防空导弹部队是以色列真正的目标。

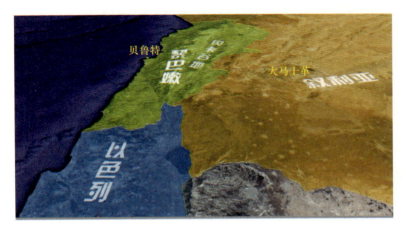

贝卡谷地周边地形（图片源于 B 站"沙盘上的战争"）

电子战无人机：翱翔蓝天的孤勇者

贝卡谷地防空导弹部署情况（图片源于 B 站"沙盘上的战争"）

四、过程

1981年4月，在叙利亚"萨姆"-6导弹进驻贝卡谷地的同时，以色列立即派出1架"猛犬"无人机抵近侦察，刚进入叙利亚地面导弹火力范围，立即就被"萨姆"-6导弹击落了。在被击落前，"猛犬"无人机截获了"萨姆"-6制导雷达信号参数并成功传输到后方的预警机上。

以军使用"猛犬"无人机抵近侦察（图片源于 B 站"沙盘上的战争"）

为进一步加强侦察，以色列又派出1架携带电子干扰设备的"猛犬"无人机抵近贝卡谷地叙军导弹阵地侦察，在电子干扰的掩护下，这架无人机成功躲避了2枚导弹的攻击，顺利完成侦察并安全返回。

在美国的技术支援下,以色列很快研究出了针对"萨姆"-6导弹的电子干扰设备,安装在"海种马"直升机上,在1982年6月的贝卡谷地战争中发挥了重要作用。

6月9日,以色列空军集结了1架E-2C预警机、1架波音B-707电子战飞机、1架"海种马"电子战直升机、25架F-15战斗机、75架F-16战斗机以及大批"幼狮"歼轰机、F-4、A-4攻击机等编队。

编队的前锋是一批"侦察员"无人机,直接扑向贝卡谷地的叙军防空部队阵地附近,不断侦察搜索地面导弹部署情况。然后,以色列派出一批"猛犬"电子诱饵无人机,通过增大雷达目标回波,让叙军预警雷达误以为是一批以军飞机来袭,随即叙军发射一批"萨姆"-6导弹,将这些无人机全数击落。在叙军防空系统进行射击的同时,附近的"侦察员"无人机及时收集了导弹系统的雷达信号,并马上回传到后方的预警机,预警机将这些信号数据分发到电子干扰直升机和挂有反辐射导弹的F-4攻击机编队。

第一波进攻行动,就是在电子战直升机支援下,24架F-4G攻击机组成的编队抵近到"萨姆"-6防空导弹射程外发射大量"百舌鸟""标准"反辐射导弹,将防空导弹系统的目标指示和制导雷达全部摧毁。

以军使用诱饵无人机(图片源于B站"沙盘上的战争")

电子战无人机：翱翔蓝天的孤勇者

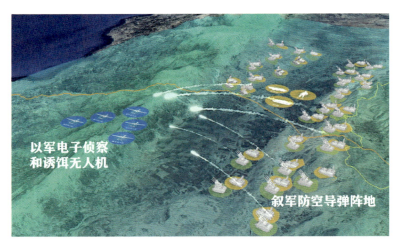

叙军攻击以军无人机（图片源于 B 站"沙盘上的战争"）

第二波进攻行动是在 F-15 掩护下，由 40 架 F-16、"幼狮"歼轰机、F-4、A-4 攻击机组成的编队使用电视制导炸弹、激光制导炸弹和集束炸弹对叙军防空导弹阵地进行地毯式临空轰炸。

随后再经过 2 波搜索补充攻击，在历时 2 小时的空中行动结束之后，叙利亚部署在贝卡谷地 19 个导弹连中的 17 个被完全摧毁。

五、影响

贝卡谷地之战的结果震惊世界，事后大量复盘研究认为，这一战充分展现了电子战在空战中的巨大作用。而为此战立下汗马功劳的"侦察员""猛犬"无人机则是打响无人机名号的实战先锋。

正是因为电子战无人机令人惊艳的表现，使世界各国在此后争先发展无人机，极大促进了各种平台无人机的发展，使无人机不断发展成熟，成为现代空中作战体系中不可忽视的重要作战力量。

六、评述

当一切尘埃落定，回顾贝卡谷地之战，留给我们更多的是感慨，既为胜者战法运用巧妙而赞叹，也为败者而扼腕叹息。胜者有一千个帮手，败者也可以找出一千条理由。千万条理由中，武器装备上代差优势是最致命的。数十年来，中东阿拉伯国家经历的教训是十分深刻的。

战例篇

案例三：
海湾战争和伊拉克战争 从配角到主角

一、时间：1991年的海湾战争、2003年的伊拉克战争

二、机型：海湾战争：英国"不死鸟"侦察无人机、美国"短毛猎犬"战术无人机、以色列"先锋"侦察无人机

伊拉克战争：RQ-4"全球鹰"、MQ-1"捕食者"、"先锋"、"龙眼"、"影子"-200等10余种无人机，执行侦察、打击、通信情报侦察、电子战任务

三、起源：伊拉克萨达姆政权意图挑战美国地区霸权，1991年海湾战争是在获得联合国授权的前提下，美国带领的联合国军击败伊拉克；2003年，美国为一劳永逸解除伊拉克威胁，以伊拉克发展大规模杀伤性武器为由再次出兵伊拉克，推翻萨达姆政权。两场战争先后由老布什、小布什父子在任时发动，所以民间也戏称为"父子战争"。

四、过程

海湾战争中，无人机主要承担战场侦察、佯动欺骗、火炮校射、战场评估等作用。

战争初期，美海军"威斯康星"辛号战列舰在对科威特法拉卡的伊军实施炮击前，先派出一架购自以色列的"先锋"无人机对岛上伊军部署实施侦察。为了更清晰地获取伊军情况，无人机不断降低飞

电子战无人机：翱翔蓝天的孤勇者

行高度在伊军阵地上空盘旋，伊军看到无人机之后，意识到美舰艇的火炮马上就要密集覆盖过来，由于见识过美军舰艇火炮的恐怖威力，受到惊吓的伊军士兵决定离开构筑的工事站出来向这架"先锋"无人机举手投降。正是"先锋"无人机的侦察镜头记录了这个有趣的过程。

海湾战争中的"先锋"无人机

美军地面部队巧妙地使用了著名的"左勾拳"战术，美国陆军第7军先向北快速进攻进入伊拉克腹地，然后向东进攻到驻科威特伊军的后方，4天内机动了274千米，切断了伊军的补给。为了配合这一战术，美军进行了非常成功的战略欺骗和空袭行动，在发起空袭行动前，美军发射空射战术诱饵，模拟空中机群诱使伊军防空系统实施攻击，从而暴露伊军导弹位置，再用反辐射导弹和空地导弹实施攻击。在助攻的南部方向，美军首先使用"先锋"无人机担负前线侦察，引导地面部队进攻伊军薄弱环节，在60架次197小时的任务中，共引导火力摧毁了伊军5个火箭炮连、120门火炮、7个弹药库和1个机步连。

海湾战争是美军作战概念"空地一体快速决定性作战"的一次经典运用，在这场战争中，相较于F-117A隐身轰炸机和"战斧"巡航导弹的惊艳表现，无人机的作用显得相当低调。

海湾战争"左勾拳"行动（图片源于 B 站"沙盘上的战争"）

2003 年的伊拉克战争中，美国在使用隐身飞机和巡航导弹实施大规模空袭行动后，主要利用地面部队从南方科威特出发，直插伊拉克首都巴格达。期间 RQ-4"全球鹰"、MQ-1"捕食者"等几十架无人机持续执行战场侦察监视任务，特别是新投入现役的空军"全球鹰"无人机经受了实战检验，陆军的"影子"-200 无人机部署总数量为数百架，这些无人机为美军空地打击行动提供了超过 50% 的时敏目标。

伊拉克战争地面部队行动
（图片源于 B 站"沙盘上的战争"）

五、影响

海湾战争和伊拉克战争中，隐身飞机和精确制导武器充当了主角，无人机更多发挥了支援保障的幕后作用。伊拉克战争是多型新式无人机的试验场，这些无人机具备了先进的动力系统、数据链和任务载荷，开启了反恐战争时代无人作战的先声。在此后近二十年的反恐战争时代，"全球鹰"和"捕食者"等无人机逐渐走向战争前台，发挥了越来越重要的作用。

六、评述

伊拉克战争作为反恐战争时代早期的大规模军事行动，美军投入了"全球鹰"、"影子"–200、"捕食者"等新型装备，这些无人机的使用是属于试验性和检验性的。正是经过这两场战争行动的检验，使无人机开始逐步融入联合作战行动并发挥重要作用。

伊拉克战争还产生了一位杰出的将领，就是时任地面行动主力的101空中突击师师长彼得雷乌斯，此人因在伊拉克、阿富汗战争中的突出表现一路升任中央总部司令、4星上将。正是在其领导下，美军在反恐和战后重建任务中，特别重视无人机在情报侦察、监视、电子战和打击行动中的运用，大大减少了作战人员和平民伤亡。虽然美军最终从阿富汗撤军，但不可否认的是美军从未被击败，反而是变得更加灵活、机动，更加强大了。彼得雷乌斯2010年因一桩婚外情导致仕途中断，不过其主持制定的《反暴乱条令》及其中被称为"彼得雷乌斯主义"的一套作战原则，仍然在美军中发挥着重要的作用，且其本人至今也仍然作为国防部高级顾问为美军服务。

 战 例 篇

案例四：
"格罗尼莫"行动中的无名英雄

一、时间：始自2001年阿富汗战争，2011年击毙本·拉登的行动

二、机型：RQ-170"哨兵"隐身无人机

三、起源：阿富汗战争以来，基地组织头目本·拉登一直是美国决心消灭的头号敌人。2009年12月30日，中情局在一次追踪行动中，在美国阿富汗查普曼营地被本·拉登设计的诱饵反杀，导致7名雇员身亡。此后，美国持续大力开展追捕行动，经过漫长的追踪，直至2010年8月终于通过追踪两名信使锁定本·拉登的藏身地点。

四、过程

2010年8月，美国最高层决策，使用一切手段持续监视这个位于巴基斯坦度假区的可疑地点。为了高度保密，监视活动没有通报巴基斯坦方，美军除了动用了特工监视外，还使用了此前从未现身的RQ-170"哨兵"隐身侦察无人机，由于无人机优异的隐身性能，在长达6个月的监视活动中，这架无人机始终没有引起巴基斯坦的注意。正是由于无人机进行了全面细致的侦察，使美国联合特种作战司令部、国家地理空间情报局得以利用这些数据对本·拉登藏身住宅建立了精确的三维模型。

电子战无人机： 翱翔蓝天的孤勇者

无人机监视下的本·拉登藏身住宅

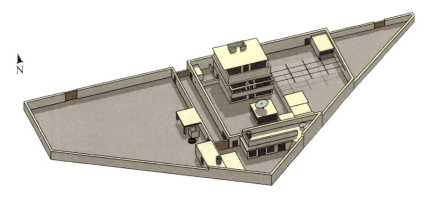

本·拉登藏身住宅数字模型

本·拉登藏身住宅实体模型

2011年1月，美国决定不惜侵犯巴基斯坦主权，秘密派遣突击队单独执行猎杀任务，代号为"格罗尼莫"。为确保万无一失，美军联合特种作战司令部在其训练基地中按照1:1比例建立了住宅模型，用来为海豹突击队提供为期2周的演习训练。

2011年3月，经过无人机的长期监视，美国进一步确认了本·拉登就藏身于此处。到了4月，无人机已经在该地区持续活动了9个月，利用光电传感器和电子侦察设备，收集了非常详细的情报。考虑到本·拉登可能转移住址，美国决定动手。2011年5月1日，美军海豹突击队在RQ-170"哨兵"隐身侦察无人机的支援下，搭乘AH-60隐身直升机低空飞行，躲过巴基斯坦地面预警雷达的监视，快速奔袭到目的地，以迅雷不及掩耳之势击毙了本·拉登，并且在巴基斯坦警察反应过来之前安全撤离。在用时仅25分钟的整个行动过程中，通过使用卫星数据链，美军将现场行动、无人机监视画面以直播的形式实时回传到美国白宫，奥巴马及其幕僚一众高官观看了整个行动过程。

奥巴马及其幕僚观看猎杀行动

五、影响

猎杀本·拉登是美军特种作战部队自1989年成功抓捕巴拿马总统诺列加之后，最具影响力的特种作战行动。与前者不同的是，在"格罗尼莫"行动中，美军在隐身无人机、隐身直升机等现代高科技武器的支援下，即使面临更加困难的作战环境（长途奔袭）、更加复杂的政治法理处境（侵犯巴基斯坦主权）和更多的不可控因素（1架直升机故障坠毁），仍然取得了完美胜利，让全世界见识了美军的实力。

六、评述

RQ-170"哨兵"隐身侦察无人机早期被称为"坎大哈野兽"，直到成功猎杀本·拉登半年之后的2011年12月4日被伊朗捕获，其面貌才首次为世人所知。在惊叹其科幻般的飞翼外形设计之余，有谁关注过它曾经在一个国家持续盘旋10个月却一直未被察觉呢？

案例五：
RQ-170 隐身无人机被诱捕

一、时间：2011 年 12 月 4 日

二、机型：RQ-170 "哨兵"隐身侦察无人机，携带光电和电子侦察设备

三、起源：2011 年 5 月成功猎杀本·拉登后，RQ-170 "哨兵"隐身侦察无人机继续在阿富汗坎大哈部署。由于塔利班游击队分散在阿富汗西部山区活动，并且有依托伊朗支持扩大活动的迹象，RQ-170 "哨兵"隐身侦察无人机持续在该地区开展侦察行动，并且不时"光顾"伊朗与阿富汗接壤的西部地区。

四、过程

2011 年 12 月 4 日，美军宣称 1 架美军无人机在深入伊朗领空侦察时失联。随后，伊朗方面宣布"击落"了 1 架入侵伊朗领空的美军隐身侦察无人机。由于该架无人机侵犯了伊朗领空，伊朗对美方提出抗议和交涉，并拒绝美方归还无人机的要求。伊朗宣称，在发现该无人机入侵伊朗领空后，伊朗军队使用电子战手段切断无人机与地面站的通联，并利用 GPS 欺骗干扰，让无人机出现迷航，最后通过发送错误的位置信息让无人机误以为身处本场，从而诱使其降落在给定的地点。

此后美国不得不公布这是一架执行特殊侦察任务的 RQ-170 "哨兵"无人机，并否认该无人机被伊朗击落，声称无人机是在阿富汗西

电子战无人机：翱翔蓝天的孤勇者

伊朗捕获的 RQ-170 无人机

伊朗展出俘获的 RQ-170 无人机

部执行侦察任务过程中因"机械故障"而降落在伊朗境内。很快伊朗公布了该无人机的图片，并打算进行公开展示，由于此前美国仅发布过该无人机的渲染图，未公开过该型无人机的真实图片，此次不光彩的"露脸"令美军十分尴尬。

数年后，伊朗宣称通过逆向工程，仿制出一款外形和 RQ-170 "哨兵"无人机高度相似的无人机，并进行公开展示。

五、影响

曾经在猎杀本·拉登行动中建立奇功的RQ-170"哨兵"隐身侦察无人机竟然以被诱捕的方式首次公开亮相,这在当时成为轰动世界的军事新闻,吸引了广泛的关注,并引起了一波对该无人机的特点、性能和运用方式进行的研究讨论。讨论的焦点是对于这架性能如此先进的无人机何以轻易就被捕获的问题,不同意见之间存在极大的分歧,西方主流观点认为,从技术上看想要通过电子战手段对RQ-170无人机实施诱捕的难度非常大,而伊朗并不具备这种能力。另一方观点认为,RQ-170无人机本身存在可能的设计缺陷,这些缺点刚好被伊朗发现并加以利用,多种因素结合从而成功捕获了该型无人机。

六、评述

RQ-170"哨兵"隐身侦察无人机被伊朗捕获的案例说明,现代无人机在可靠性上还存在缺陷,在一定条件下容易被干扰、诱骗,还难以在高强度对抗环境下执行任务。

电子战无人机：翱翔蓝天的孤勇者

案例六：
暗杀伊朗高级指挥官的元凶

一、时间：2020 年 1 月 3 日

二、机型：MQ-9"死神"无人机

三、起源：伊朗"圣城旅"指挥官苏莱曼尼是伊朗"鹰派"代表人物，曾在 2003 年伊拉克战争萨达姆政权倒台后组织力量进入伊拉克，组建了什叶派民兵组织，策划和组织了各种反对美国外交官和军队的袭击行动，意图和美军争夺伊拉克控制权，多年来与美国人结下了不少梁子，时任伊拉克美军最高指挥官的彼得雷乌斯曾声称伊朗训练有素的"圣城旅"特种部队给美军造成了很大的伤亡。2015 年，苏莱曼尼卸任"圣城旅"指挥官后，继续领导和组织中东地区的反美行动，尤其是策划中东地区"什叶派军事联盟"直接挑战了美国的中东霸权，触碰了美国利益底线，被视为敢于挖美国强权墙脚的头号敌人。2019 年底，针对苏莱曼尼在中东持续活动制造麻烦，美国高层决定对其实施定点清除。

四、过程

2020 年 1 月 1 日，美国通过线人获取了苏莱曼尼的行踪和下一步计划，立即使用技术侦察、电子侦察等手段对其进行严密监控，并提前部署 1 架 MQ-9"死神"无人机在其行程的目的地巴格达机场上空守株待兔。

1 月 2 日，苏莱曼尼从德黑兰飞往叙利亚大马士革，然后乘坐汽车前往贝鲁特，数小时之后，再次返回大马士革，然后乘坐鞑靼之翼航空公司的航班飞往伊拉克巴格达，尽管苏莱曼尼行程隐蔽、全程未使用智能手机，但其行踪始终处于美军的严密监控之下。

1月3日凌晨12时32分，苏莱曼尼到达巴格达机场，在MQ-9"死神"无人机的监视下登上了一辆小汽车离开机场，前往巴格达市区。1时45分，无人机在汽车离开巴格达机场的一段开阔道路上发动攻击，发射3枚AGM-114"地狱火"激光制导导弹，直接命中车辆，苏莱曼尼当场死亡。

MQ-9"死神"无人机

苏莱曼尼乘坐的汽车被导弹击中

五、影响

近年来,伊朗多名核专家被以色列特工以各种方式暗杀,曾多次引发伊朗报复和抗议。而此次"圣城旅"指挥官被暗杀则是由美国直接上手,动用国家军事力量实施定点清除,同样是性质十分恶劣的暗杀事件。这次事件的特殊性在于利用MQ-9这样的现代无人机,通过卫星数据链,可以在万里之外长期追踪目标,寻找最合适的时机行动,能够在对手毫无察觉的情况下一击即中。

六、评述

在拥有优势力量的对手面前,一代枭雄就此陨落,回顾这段历史不禁惊叹无人机的杀人绝技,令人不寒而栗。

案例七：
美国海军"人鱼海神"无人机被伊朗击落

一、时间：2019年6月20日

二、机型：MQ-4C"人鱼海神"（"全球鹰"无人机海军版）无人侦察机

三、起源：2018年5月，美国总统特朗普宣布退出伊朗核协议，重启对伊制裁。2019年5月，伊朗宣布将重启核计划。为此，美国每天派出侦察机在伊朗周边对伊加强侦察，美国海军MQ-4C无人机就是常客。

四、过程

2019年6月20日，美国海军一架MQ-4C无人机从波斯湾南部基地起飞，一路向伊朗边境飞行，利用机上光电红外侦察设备、合成孔径雷达和电子侦察设备对伊朗实施侦察。在返回途中，该无人机进入霍尔木兹海峡附近的伊朗领空，当地时间凌晨4时5分，伊朗防空部队发射导弹，成功将该无人机击落。

6月21日，伊朗公布了被击落无人机的残骸。美方则否认无人机侵入伊朗领空，但默认了无人机被击落的事实，并坚称美海军无人机是在国际空域被导弹击落的。

为此，美伊双方战争几乎一触即发，在美军即将发动报复行动的最后一刻，行动被叫停。至此，一场由无人机引起的危机终于解除。

击落无人机的伊朗防空导弹系统

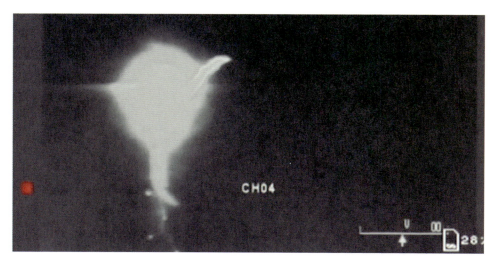

导弹击中无人机的画面

伊朗展示 MQ-4C 无人机残骸

五、影响

作为现役造价最昂贵、性能最先进的无人机，MQ-4C 首次被击落震惊世界。这次事件造成了深远的影响，不但暴露了"全球鹰"无人机在现代防空系统面前的脆弱性，而且几乎引发一场战争。它的间接影响还包括，此后美军重新评估了 RQ-4"全球鹰"无人机的战场生存能力，经过半年的研究，于 2019 年 11 月底宣布要将现有的"全球鹰"无人机逐步退役。2022 年 8 月，美国空军计划于 2027 年前退役全部 RQ-4 无人机。

六、评述

"全球鹰"无人机作为一款大型无人机，速度慢、体形大，不具备隐身能力，只适应在和平时期进行常规战略侦察，或者出现在一些具有一边倒优势的低强度战争中，对于这一点，美国人是在教训中深刻领悟到的。想当年，"全球鹰"无人机刚入役时，美国军火商和军方自信满满宣称其技术领先世界 20 年，现如今却多次被打脸。

当然，MQ-4 被击落不是宣布无人机的没落，而是要暗示隐身高速无人机的诞生。

电子战无人机：翱翔蓝天的孤勇者

案例八：
纳卡冲突中引人瞩目

一、时间：2020年9月~11月

二、机型：以色列"哈洛普"反辐射无人机、土耳其TB2察打一体无人机

三、起源：2020年，同为苏联加盟共和国的阿塞拜疆和亚美尼亚因为纳卡地区归属问题发生冲突，阿塞拜疆总体实力占优并且得到北约的支援，获得了以色列、土耳其的大量无人机装备，亚美尼亚则依靠俄罗斯获得各类防空武器和电子战装备。

四、过程

在为期2个月的冲突中，由于双方均缺乏空中力量，无法开展有规模的空中作战，因此主要是以地面战场为主。其中阿塞拜疆利用无人机，摧毁了很多亚美尼亚的坦克和防空系统，极大支援了地面作战行动。

首先，阿方使用老旧飞机吸引亚军火力，同时利用预警机侦察获取了亚军的火力部署，然后向亚军防空导弹阵地发射以色列"哈洛普"反辐射攻击无人机。这些无人机在与俄制防空系统的对抗中，少部分被击落，大部分则有效击中了目标。其中在一次攻击行动中，"哈洛普"无人机成功击毁了亚军最先进的S-300远程防空系统。

其次，阿军持续使用土耳其TB2察打一体无人机，对亚军阵地实施持续扫荡，从空中投掷炸弹炸毁了大量亚军装甲、掩体，并给亚军

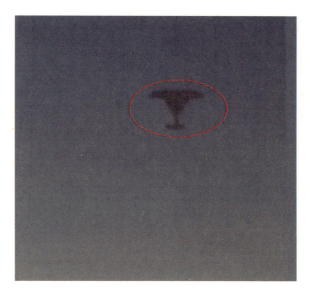

"哈洛普"无人机俯冲攻击目标

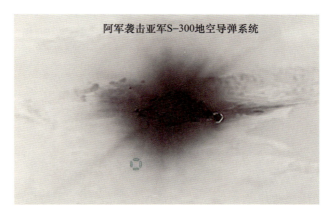

无人机击中 S-300 防空导弹系统

造成了大量人员伤亡。亚军使用防空火力和电子战武器,击落了超过300架阿军无人机,但一直未能全面赢得这场无人机攻防战的胜利。

最后,由于使用无人机获得的作战优势,在和谈协议中,阿塞拜疆成为此次冲突的最大获益者。

五、影响

在以往冲突中，无人机通常只在拥有一边倒优势的反恐战争和局部冲突中使用，纳卡冲突是无人机首次与拥有现代防空系统的一方进行高强度对抗，并且取得碾压优势的战例。从这一点看来，无人机似乎具有了与有人战斗机一样的作战能力，预示着在一定条件下将可能"替代"有人战斗机，成为空中作战的主力。

六、评述

纳卡冲突虽然不是一场严格意义上的高端战争，但在冲突中无人机第一次作为主角实施了空中作战，对无人机的运用重新定义了战争样式。

案例九：
俄乌冲突中的无人机作战

一、时间：2022年4月22日开始

二、机型：乌克兰"棋手"-TB2、"爱好者"无人机、R18多旋翼无人机、俄罗斯"海雕"10、"见证者"-136攻击无人机

三、起源：苏联解体后，乌克兰逐步向北约靠拢，与大国俄罗斯的矛盾日益加深。2014年，克里米亚冲突使乌克兰与俄罗斯彻底决裂。2022年，围绕乌克兰东部地区的争议升级，最终引发冲突。

四、过程

俄乌冲突中，俄罗斯和乌克兰都使用无人机执行战场侦察、监视和打击任务。在俄军发动"特别军事行动"的第一阶段，美西方几乎每天都派出"全球鹰"无人机在乌克兰周边侦察，甚至深入到乌东部前线，全面掌握俄军地面部队行动，为乌军迟滞、抗击俄军提供情报支援。乌军也通过使用从土耳其引进的"棋手"-TB2无人机，攻击了俄军正在推进的地面装甲部队、火炮和防空系统。4月13日，一架TB2无人机通过海上侦察发现了俄军"莫斯科号"导弹巡洋舰在敖德萨外海100千米处巡弋，为乌发射"海王星"岸基反舰导弹击沉该舰发挥了重要作用。乌克兰4月还发布了一段R18多旋翼无人机炸毁1架俄军T90坦克的视频。

R18 多旋翼无人机炸毁俄军 T90 坦克

第二阶段,乌军使用 TB2 无人机在乌东战场前线持续侦察监视,并对部分地面行动实施攻击。俄军则引进了 2000 余架伊朗生产的"见证者"-136 攻击无人机,集中攻击乌克兰的能源基础设施。

"见证者"-136 无人机使用火箭助推发射

"见证者"-136 无人机攻击导弹装甲车

为了报复俄军无人机威胁，乌军将现存的苏联图-141喷气式无人机改装为攻击无人机。2022年12月5、6日，乌克兰从哈尔科夫发射图-141攻击无人机，分别攻击克尔斯克机场、600千米外的俄梁赞州贾吉列空军机场和800千米外的恩格斯机场，2架无人机成功绕过俄军沿途的防空系统，抵达目的地实施攻击，造成俄军2架图-95和1架图-22战略轰炸机受损、多名人员伤亡。

乌军的图-141无人机

图-141无人机使俄多架战略轰炸机受损

电子战无人机： 翱翔蓝天的孤勇者

五、影响

俄乌冲突是一场正在进行中的战争，加剧了世界能源、经济和政治动荡，而无人机成了这场战争的亮点。它改变了过去无人机只在安全空域使用的传统，使无人机融入到了从战役到战术层面的作战中，执行侦察、监视、打击和电子战等多样化的任务。可以预见，未来作战中，无人机将不仅可作为昂贵高精度导弹的替代者，还将是进攻作战的主要角色。

六、评述

俄乌冲突被称为直播时代的战争，其中无人机当起了"网红"，无人机视觉为这场冲突提供了大量的直播内容。看到镜头上无人机的杀戮过程，全世界观众在见识到作战激烈的同时，更感慨战争的残酷。

 战例篇

案例十:
高端战争的代言人

一、时间：2035年某月某日

二、机型：第X代战斗机——智能（AI）无人作战飞机

三、起源：A、C两个世界大国在太平洋上空开展竞争，双方无人作战飞机在各自势力范围边界开展战略巡航，随着时间推移，竞争压力不断增大，双方力量不可避免发生接触，一场智能化高端战争一触即发。

四、过程：C国2架AI无人作战飞机在西太平洋国际空域开展远程战略巡航，1架不明国籍隐身无人作战飞机突然出现在长机右后方数百米。长机意识到危险，立即指挥僚机打开雷达电子战系统扫描，由于受到对方电子压制，无法判明目标。长机马上向对方压坡度，很快两机产生交叉。利用这一间隙，僚机识别出该隐身无人机为A国第X代战斗机——智能无人机，具有自主攻击能力，威胁等级极高。长机获取僚机识别信息后，立即进入战斗状态，在打开电子干扰系统的同时，再次与A国无人机进入缠斗，此后双机互相纠缠进入盘旋急转，此过程中C国长机发挥自身高机动性能，成功将A国无人机至于攻击前半球的有利局势。A国无人机见势不妙，立即利用电子干扰掩护加速逃离。

整个交锋时间仅有几十秒，双方均开启电子干扰切断对方通信，均在无人工介入和后方指挥的情况下，自主感知、自主决策、自主行动。

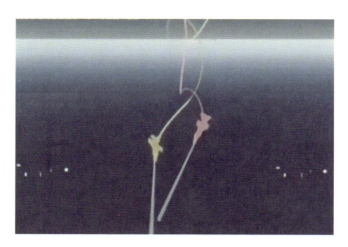

剪刀交叉机动

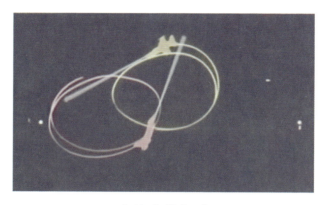

盘旋急转机动

五、影响

2022年8月18日~20日，美国国防部高级研究计划局依托"空战进化计划"项目组织了"阿尔法狗空战比赛"项目决赛。比赛分两个阶段进行，第一阶段，组织经过前期初赛后入围的8家公司作为参赛者，携带各自研发的AI自由空战程序进行比赛。最后"苍鹭"系统（Heron systems）公司的算法击败洛克希德·马丁等军工巨头的算法赢得桂冠。第二阶段，组织方邀请1名资深F-16飞行教官与使用"苍鹭"系统公司算法集的 AI 无人机进行模拟空战,最终决赛结果令人惊讶的是,AI 无人机以 5∶0 的绝对优势赢得比赛。这是继"阿尔法狗"在围棋比赛中击败国际冠军之后的又一辉煌胜利,证明了人工智能在复杂的自由空战领域同样具有不可比拟的优势。最终"苍鹭"系统公司的 AI 算法被美国空军学校采用作为训练飞行员的方案。

六、评述

好莱坞电影《壮志凌云 2》全篇充满了向优秀飞行员致敬的意味,但事实上战场上容不得任何怜悯,实力才决定一切。"人工智能驾驶员"极有可能成为未来空天作战的主角,其对飞行员的替代是不以人的情感和意志为转移的。正如《孙子兵法》中说:"见日月不为明目,闻雷霆不为聪耳。"现在世界各国都已经认识到了人工智能的价值和未来发展前景,竭尽全力在这个新赛道上换挡提速、抢占先机。与影视娱乐圈的反智主义和怀旧情怀不同,美国军队决策层的精英们是十分清醒且明智的。目前在人工智能无人机领域,美国国防部高级研究计划局的布局再次一马当先、力拔头筹。

参考文献

[1] 基蒙·P·瓦拉瓦尼斯. 无人机手册[M]. 樊邦奎, 等译. 北京: 国防工业出版社, 2021.

[2] 周斌. 无人机原理、应用与防控[M]. 北京: 清华大学出版社, 2023.

[3] 何景武, 谢长川. 无人机结构设计[M]. 北京: 北京航空航天大学出版社, 2021.

[4] 甄子洋, 江驹, 孙绍山, 等. 无人机集群作战协同控制与决策[M]. 北京: 国防工业出版社, 2022.

[5] 胡健生, 罗卫兵, 张倩. 小型无人机技术与应用[M]. 西安: 西安电子科技大学出版社, 2022.

[6] 王勇, 王磊, 骆盛. 电子战无人机任务载荷原理[M]. 北京: 人民邮电出版社, 2022.

[7] 昂海松, 周建江, 黄国平, 等. 无人机系统关键技术[M]. 北京: 航空工业出版社, 2020.

[8] 王栋, 郗岳, 朱诗剑, 等. 智能空战对抗训练目标识别[M]. 北京: 电子工业出版社, 2022.

[9] SEBBANE Y B. 智能自主飞行器——无人机飞行控制与规划[M]. 刘树光, 李强, 茹乐, 等译. 北京: 国防工业出版社, 2022.

[10] 吴成富, 程鹏飞, 闫冰. 无人机飞行控制与自主飞行[M]. 西安: 西北工业大学出版社, 2020.

[11] 王进国. 无人机系统作战运用[M]. 北京: 航空工业出版社, 2020.

[12] 魏瑞轩, 李学仁. 先进无人机系统与作战运用[M]. 北京: 国防工业出版社, 2014.

［13］NAMUDURI K. 无人机网络与通信［M］. 刘亚威，闫娟，等译. 北京：机械工业出版社，2019.

［14］刘沛清，陆维爽. 无人机总体气动设计［M］. 北京：北京航空航天大学出版社，2020.

［15］姜道安，石荣，程静欣，等. 从电子战走向电磁频谱战——电子对抗史话［M］. 北京：国防工业出版社，2023.

［16］HAIGH K Z. 认知电子战中的人工智能方法［M］. 王川川译. 北京：国防工业出版社，2023.

［17］王沙飞. 认知电子战原理与技术［M］. 北京：国防工业出版社，2018.

［18］谈何易，张珂. 网电战［M］. 北京：电子工业出版社，2019.

［19］单琳锋，金家才，张珂. 电子对抗制胜机理［M］. 北京：国防工业出版社，2018.

［20］BUJATTI F S M. 微波固态高功率放大器［M］. 董士伟，等译. 北京：国防工业出版社，2015.

［21］张永顺，童宁宁，赵国庆. 雷达电子战原理［M］. 北京：国防工业出版社，2020.